北京市中国特色社会主义理论体系研究中心重大项目成果

北京水生态
理想模式初探

An Economic Study on the Idealized
Water Ecosystem in Beijing

曹和平 等◎著

北京大学出版社
PEKING UNIVERSITY PRESS

图书在版编目(CIP)数据

北京水生态理想模式初探/曹和平等著. —北京:北京大学出版社,2016.9
ISBN 978-7-301-27280-0

Ⅰ.①北… Ⅱ.①曹… Ⅲ.①水环境—生态环境—模式—研究—北京市
Ⅳ.①X321.21

中国版本图书馆 CIP 数据核字(2016)第 165788 号

书　　　　名	北京水生态理想模式初探
	BEIJING SHUISHENGTAI LIXIANG MOSHI CHUTAN
著作责任者	曹和平　等著
策 划 编 辑	郝小楠
责 任 编 辑	刘誉阳
标 准 书 号	ISBN 978-7-301-27280-0
出 版 发 行	北京大学出版社
地　　　　址	北京市海淀区成府路 205 号　100871
网　　　　址	http://www.pup.cn
电 子 信 箱	em@pup.cn　　　　QQ:552063295
新 浪 微 博	@北京大学出版社　@北京大学出版社经管图书
电　　　　话	邮购部 62752015　发行部 62750672　编辑部 62752926
印 刷 者	三河市博文印刷有限公司
经 销 者	新华书店
	730 毫米×1020 毫米　16 开本　15.75 印张　266 千字
	2016 年 9 月第 1 版　2016 年 9 月第 1 次印刷
定　　　　价	45.00 元

序

《北京水生态理想模式初探》是两个跨时序研究的成果。一个是北京市哲学社会科学基金项目(04BJDJG144)"北京水资源短缺与对策研究",这一课题已在八年前完成;另一个是北京市中国特色社会主义理论体系研究中心重大项目(zd2013004)"水资源在北京生态文明链中的理论研究与实践对策",该项目于2015年完成并通过了专家评审。研究内容的连续滚动性以及超越热点问题篇章式讨论的内涵,是本书突出的特点。

第一个项目的参加者除了本书的作者团队之外,还有我尊敬的崔海亭教授(原北京大学地理系主任)、晏智杰教授(原北京大学经济学院院长)、邵秦教授(北京大学人口研究所资深教授)等;第二个项目有我们尊敬的刘昌明教授(中国科学院院士)、郭来喜资深研究员(中国科学院地理科学与资源研究所)、周鸿教授(云南大学生命科学院)等,没有老前辈们用他们的智慧和研究给予支持的指导,这本书或许根本不敢以《北京水生态理想模式初探》冠名。

取名为"北京水生态理想模式初探"原因有三:第一,本书涉及的内容超越了当前讨论的水权、水价以及水市场等热点问题,包括了更广泛意义上的水生态研究;第二,多学科、综合性、多视角地研究了北京水资源问题。本书不仅有北京水历史文献的记载,还在理论方向上讨论了水生态的成水构造、蓄水构造和用水构造,在此基础上加入了人然生态对三个构造干扰的理论讨论;第三,本书在水权、水价方面运用了严格的数学模型来证明行为矫正的基础条件,尤其是将作者团队在过去十多年间研究资源要素一级市场和二级市场建设的成果,应用到了北京水市场建设的讨论之中,使得水生态建设的理论研究和实践具有了几代人、多学科、跨时空、前沿讨论的特点。当然,任何作者对自己的成果都会有溢美之词,只不过多少而已。这是人性使然,也请读者有适度的警觉。

北京水生态问题的建设才刚刚开始,北京市社会科学界联合会韩凯书记,北京市中国特色社会主义理论体系研究中心崔新建副主任、李翠玲秘书长等领导打破常规、坚定支持的情形至今仍历历在目,我们团队心底里的感谢也将和北京水清云开的日子到来一样,既璞真,又久远。

　　本书主要是北京市中国特色社会主义理论体系研究中心重大项目"水资源在北京生态文明链中的理论研究与实践对策"的集成之作。本书得以最终付梓,要特别感谢北京大学数字中国研究院的张佩芳研究员、北京大学经济学院的张博老师、中国人民大学顾兴国博士等团队成员的共同参与和努力;感谢云南大学段昌群教授、赵鑫铖博士前期提供的帮助;同时感谢北京大学出版社和编辑部郝小楠对该书出版的大力支持。

　　最后,希望本书对北京和国家水问题建设的研究有所裨益,成为引玉之砖。

曹和平

2015 年 9 月于北京大学燕园东畔

目录

第 一 篇

水人然生态:21 世纪世界城市竞争的制高点

第1章　大国战略:世界城市托举世纪大国

任一城市,不管外观何样,如能让居住者感到舒适惬意,游览者心扉一动,都会通过口碑或者其他途径成名于世界。环观这些城市,若蒲踞于陆地平原,伴有一水或数溪穿织其中,总让人感到街陌有灵;若伫立于雪域高原,接有一条或数眼通天河泉,则让人感到悠远神奇;若飞来于沙漠绿洲,则让人感到天赐传说。

事实上,不管是溯根于春秋战国还是古希腊罗马时期的历史名城,还是成形于数百年来工业革命诱发的生产和消费中心,抑或是发端于地理区位差异形成的雄浑城墙或迁延海港,都有一个相同的人文环境要素:一个诱人且可持续的水生态体系。

一、相关概念的界定和释义

为了让我们将上述关于城市的揽胜直感上升为城市建设的必要元素的探索,几个跨学科的概念是有用且可激励思维的。

(一)"自然"与"人然"

自然指独立于人的群类活动的环境类实体及其动态过程的总和。当人类的群体活动以超大规模的工程参与到自然过程中的时候,原始条件下的自然过程就内置了人类活动因素。这时,其不再是一个可以忽略的微量,而是一个可内生的变量。例如,超大城市中的给排水管网不再是动植物生态水的自循环过程,而是在生态水意义上质变为超大城市人群集聚区以生产生活用水为主导的水循环过程。

基于此理解,我们把与自然相对的、某个给定时刻的人的群体活动内置的规律及其过程总和称为人然。其属于人类但又客观存在,同时居于个体和自然之上。之所以称为人然,是因为其更为重要的一个特质:相对于自然而言,在那些人类高密度集聚、超大规模活动的高频干扰下,自然过程开始变得脆弱,人然过程居于主导时,后者常常对自然过程造成伤害。例如,新中国成立后我国失去了大大小小数千条河流和小溪,就是人然过程在给定范围内影响力变得显著,并在某些区域起决定作用的结果。这些过程在工业革命以前或者在当今的原始森林中是不可想象的。

抽象出人然概念后,可以方便地对人类活动条件下水生态过程的"人然—自然"的复合性特征进行理解。更为重要的是,我们可以将这种复合过程单独分离出来,进行归一化的单元对象剖析。这无疑会对城市区水循环过程存在问题的全面理解有所帮助。在"人然—自然"水循环视野下,原来的自然水生态过程加入了新的变量,其收敛均衡与动态失衡的理解也会大不相同。

诚然,生态的概念已经包含了人类活动和自然过程,那我们为什么还要浓墨重彩地界定自然和人然概念呢?因为生态概念更多的是指生物的生存状态,人类活动仅作为干扰因子加以关注,其中人工导向下大规模活动造成的对自然状态的反作用,尤其是副作用没有被充分关注到,甚至被忽略。例如,在今日超大城市(群)建设中,决策过于工程化地理解和处理供水过程了(虽然并非工程师们的失误,更非那些有工程哲学直感的大师们的错)。当超大城市的降水、地表水和地下水不敷消费时,超长距离且超大规模的调水工程被启动。这时候,调水工程排在了首位,将导致都会区自然水循环过程的主导作用被迅速取代,自然水网循环被抑制。当出现臭水管网时,污水处理、瓶装水和净化水又延伸而上,可以说,由此刺激产生新的 GDP 的同时,城市人口单位用水,尤其是单位洁净水的消费成本很可能也在提高。两者作用后的结果是:总收益水平下降了,得不偿失!

(二) 水生态概念

当然,生态概念有其不可替代的观察视角。"生态"(eco-)这一词根由希腊文"oikos"衍生而来,是住所、家庭和栖息地的意思,之后发展形成生态学(Ecology)、生态系统(Ecosystem)等概念。生态学的产生最早是从研究生物个体开始的,由德国动物学家 E. 海克尔(E. Hackel)于 1866 年首先提出,定义为"研究有机体与周围环境相互关系的科学",我国学者马世俊于 1979 年将生态学定义为"研究生命系统和环境系统相互关系的科学"。生态系统是生态学研究的核心对象,指生物与环境共同形成的统一综合体。当前,"生态"一词有多种含义,一般指生物在一定的自然环境下生存和发展的状态,也常用来形容很多美好的东西,如健康、和谐等。本书中将"生态"限定为前者,只不过,在多学科视野下,生态概念将"人然"和"自然"互动的内容一致化了。

水生态指环境中水体(及水分子)对生物的影响及生物对水体影响的过程总和。水是生命之源,是构成一切生物的必要条件。水的质和量决定性地影响着生物分布、种群组成、物种数量和生活方式等。同时,生物的产生也使水的状态、分布和运动发生变化,在生物集聚的区域水循环受生物的影响尤其明显。从人类环境的角度出发,水生态受到越来越多的重视。

水是人类生活和生产不可或缺的重要物质。自古以来人类择水而居,依水建城。不同地域的社会经济发展情况不同,与水的依赖关系和相互作用程度也不同。基于人类活动与环境中水分子的密切程度,可将水生态分为水自然生态和水人然生态。在水自然生态中,人类作用程度小,除人以外的生物与水分子运动规律本身主导着水生态;随着人的参与程度的增加(人口集聚、技术进步等),水的自然生态的主导地位接近或者已经被人类取代,或受人类生产、生活活动的根本性影响,水人然作用变为生态过程的主导力量,此时形成水人然生态。

(三) 水生态文明及其内涵

1. 水生态文明

一般而言,文明是人类社会发展的阶段性产物,包括人类所创造的精神和物质财富的总和,涵盖整个人与人、人与社会、人与自然之间的关系。生态文明指天人合一、人与自然和谐发展规律下取得的精神和物质成果。

水是人类生存、生活、生产的重要根基,人类文明大多起源于大河流域。把握文化与自然的关系是了解社会和生态系统的恢复性、创造性和适应性的必由之路。依此,水生态文明包括人水和谐、水资源生态系统良性循环下经济社会持续发展的文明伦理形态的内容,而水文化涵盖了人类社会发展史中集成的天然水、利用水、保护水、治理水、鉴赏水等物质和精神的范畴。

本著作中的水生态文明,被界定为人类保护水资源生态系统、人水和谐发展的文化伦理行为,而非水生态系统的自然状况。水文化指人类创造的与水有关的科学、人文等方面的精神与物质的文化财产。

2. 水生态文明的内涵

水生态文明是生态文明概念的延伸,水资源、水环境、水文化是水生态文明建设的重要内容。水与生态文明之间的关系,其本质就是人与自然和谐相处、持续发展。

第一,水生态文明与生态文明的根本宗旨是天地人关系和谐。天地人关系和谐包括人与自然、人与人、人与社会等方方面面关系的和谐。生态文明遵循的是"人与自然和谐"的生态自然观,倡导尊重自然、顺应自然、保护自然的基本理念。而水生态文明倡导"人水和谐"的水生态观,崇尚以人为本、全面协调可持续的科学发展观,致力于解决因人口增长和经济社会高速发展而出现的洪涝灾害、干旱缺水、水土流失和水污染等水生态问题,以期达到人水和谐,使有限的水资源为经济社会可持续发展提供无限的支撑。水生态文明与生态文明的本质目标是一致的,即构建和谐生态关系,构建和谐社会。

第二,水生态文明是生态文明的血脉。水生态文明是生态文明不可替代的重要环节,是社会历史、自然环境与生产方式发生重大变化的产物,是人们在改造物质世界的同时,以科学发展观为指导,遵循人、水与社会和谐发展的客观规律,积极改善和优化人与水之间的关系,建设有序的水生态运行机制和良好的水生态环境所取得的物质、精神、制度方面成果的总和。

在我国的生态文明建设中,水生态文明和水文化是重要的组成部分之一。党的十八大报告指出"五位一体"的建设总布局(经济建设、政治建设、文化建设、社会建设和生态文明建设),把生态文明建设提升到总体布局的高度,把生态环境质量纳入基本公共产品范畴,这从国家战略和政策方针上明确了生态环境的显性价值,将更有利于从源头扭转生态环境恶化的趋势,为人民创造良好的生产生活环境,这是我国社会主义现代化发展到一定阶段的必然选择,体现了科学发展观的基本要求。

第三,水生态文明是生态文明的核心因素。水是生态与环境的控制性要素,是人类生活和生产活动中必不可少的物质基础,2011年中央"1号文件"指出:"水是生命之源、生产之要、生态之基。兴水利、除水害,事关人类生存、经济发展、社会进步,历来是治国安邦的大事。"水上升为生态文明之魂,水生态文明建设成为生态文明建设的重要推进器和生态文明程度的标杆。水生态文明建设成为一个系统性、集成性的工程,总括水资源综合利用,水生态环境保护与修复的先进科学技术,体制机制、法律法规,水文化的积淀与弘扬等,涉及水利规划、水资源管理、工程建设管理、水土保持、政策法规标准和科技创新等方方面面。

第四,水生态文明是生态文明的重要载体。水生态文明是人类文明的新价值取向,是人类文明发展的新阶段。水生态环境是生态文明的基本载体,节约水资源是保护生态环境的根本之策。建设生态文明,首先是水生态文明,通过水资源管理、水利工程建设,在保障水资源可持续利用的情况下,才能强化水资源在生态文明建设中的资源基础作用。建设水生态文明,需要构建现代水网系统,维持生态系统的完整性,发挥水资源、水环境对生态文明的生物载体作用,才能合理利用水资源与保护水生态,为生态文明建设提供核心支持。

(四) 外部性概念

在经济学上,外部性是指在给定技术和完全市场条件下,经济人不通过价格体系对其他经济人福利水平造成的影响过程或后果。但是,外部性概念的内在张力是如此强大,它可以包含在几乎所有的社会科学中,甚至是自然科学中。就像人然概念一样,外部性是一个多学科概念,需要我们稍作介绍。

在"昔孟母,择邻处"的故事中,孟子的妈妈两次搬迁,是因为隔壁的邻居不能为孟子读书提供一个好的学习环境——对学习十分有效但异于父母教化的环境。当搬迁到第三个人家的隔壁时,庭院早晨的朗朗读书声为孟子的早起提供了一种比母亲呼喊孩童起床还要有效的激励;庭院中晚读的烛光也为孟子挑灯夜战传递了无言的暗示。显然,这种行为间的互利是违反新主流经济学的成本收益分析框架的。隔壁邻居在激励孟子读书的同时,并没有付出任何成本,甚至都没有觉察到这种激励的后果。换句话说,当孟子因读书的努力程度提高一个边际部分时,邻居的边际成本是零,但孟子的边际收益却已经大于零了。

跳出经济学的价格体系阈限,从行为学和制度学上来理解,这种行为上的良性互动(良性激励)和制度上的机制设计需要外部性这个能溢出经济学范畴的概念。外部性,在更为广泛的意义上,是指一种既可自然存在,也可顶层设计的有正价值或负价值的资源,其影响人们行为的程度或导致的结果,既可能是潜移默化的,也可能是暴风骤雨般的。在讨论城市水生态过程时,人然水生态和自然水生态之间的关系,如果处理得好的话,其后果的激励作用是不可想象的;反之亦然。

二、世界城市说

(一) 世界城市

世界城市是指具有全球影响力的城市,它是人类文明发展进步的重要标志,是现代经济社会活动的主要载体。一般来说,衡量一个城市发展影响力的指标大多都由该类城市来形成,反过来,这些指标的影响力也具有覆盖全球的能力。在世界城市格局中,这些城市就是核心城市,其发展模式和态势成为城市发展的关注中心,其发展方向也是其他城市仿效的榜样以及城市发展的主导。一般的逻辑是,先进产业塑造世界城市,世界城市托举世纪大国。

世界城市概念的提出已有近百年的历史,许多专家学者对世界城市的内涵、特征、功能、分类、形成等进行了大量研究。1966 年,彼得·霍尔(Peter Hall)将世界城市定性为产生全球性经济、政治、文化影响的国际一流大都市,是处于世界城市体系顶端的城市。1986 年,约翰·弗里德曼(John Friedmann)提出了著名的"世界城市假说",他认为世界城市是全球经济的指挥与控制中心,并主要从金融中心、跨国公司总部集聚、国际化组织及国家中心、第三产业的高度增长、主要制造业中心、主要交通枢纽和人口规模等七个方面论述了世界城市的基本特征。萨丝奇雅·沙森(Saskia Sassen)更加关注世界城市发达的生产性服务功能,她通过考察位居世界城市体系顶端的三大城市——纽约、伦敦和东京,将全球城市定义为拥有发达的金融与商业服务中心的城市,同时有四个方面的重要特征：一是世界经济组织高度集中地的控制点；二是金融机构和专业服务公司的主要集聚地，两者已经替代制造生产部门而成为主导经济部门；三是高新技术产业的生产和研发基地；四是产品及其创新活动的市场。曼纽尔·卡斯特（Manuel Castells）于1989年提出了信息化城市（information city）的概念，他认为随着信息网络技术的广泛运用，空间的地域性日益转化为流动性，即产生了"流动的空间"（space of flow），而世界城市是全球信息网络的主要节点，控制着全球信息的进出及流动。从现有的文献来看，对于世界城市概念与内涵的解释都突出了这样一点：其在现实中充当了一个资本集聚地的角色，并且具备组织、控制生产的分配及流通的功能。世界城市是全球城市网络的主要节点、全球战略性资源的通道和产业的控制中心，全球跨国公司和银行总部的集聚中心，以及全球价值流、资本流、信息流、技术流和人才流的集散中心等。

上述观点分别有它们的支持论据和合理性。我们也看到，随着时代的变化，世界城市的概念也在变化。从早年强调生产性产业，到后来强调服务业，现如今更为强调的是信息和智慧经济的发展。但我们认为，上述观点在方法论上为我们提供了世界城市内涵及定义其边界的方法论思考，这是一份更为重要的思想遗产。总结下来，世界城市至少应具备六个方面的支撑条件：一是有一定的经济规模，GDP总量位居世界前列；二是经济高度服务化，世界高端企业总部集聚，即总部经济发达；三是区域经济合作紧密；四是国际交通便利；五是科技教育发达；六是生活居住条件优越。因此，世界城市应是跨国企业总部基地、国际金融中心、全球产业中心、全球信息中枢、交通运输枢纽和宜居地。

（二）流行观点中的世界城市

流行观点中的世界城市，是多视觉、多层面的时空演变立体综合体。从空间尺度上来看，城市群网络结构在全球、国家及区域层面形成了等级体系，而顶层系统，即最高层次网络则是由世界城市联系构成的。对于大都会城市网络而言，世界城市是一个个联系其他城市和区域的活动枢纽和节点，具有原生的发展力。依据与其他城市或区域的关联程度，可以将世界城市划分为一级核心世界城市、次级核心世界城市与边缘世界城市。从时间尺度上来看，城市发展成为世界城市的进程有长有短，有些世界城市从工业化开始，积淀了上百年才形成，一般称为传统世界城市;而另外一些城市依靠地理位置、技术进步或者资本投入等方面的优势,在百年以内就从小区域城市成长为世界城市,一般称为新兴世界城市。北京大学学者陆军在基于城市个体与城际关联的考虑下,筛选了全球权威报告中的数据,构建出世界城市综合指标体系,并对全球 39 个著名城市进行了测算后的排序(见表 1-1)。

表 1-1　世界城市综合指标体系比较排序

城市	总体得分	总体排名	经济发展排名	人文环境排名	生态环境排名	科技研发排名	社会发展排名	对外影响排名
纽约	0.7029	1	1	34	26	5	13	1
东京	0.6044	2	4	36	24	1	10	12
伦敦	0.5832	3	3	9	13	3	27	4
巴黎	0.5732	4	8	1	10	2	18	7
香港	0.4348	5	2	15	2	32	3	6
芝加哥	0.4024	6	9	12	20	7	28	2
新加坡	0.3472	7	5	27	5	26	1	5
波士顿	0.3018	8	6	11	29	4	17	15
洛杉矶	0.2877	9	7	23	25	20	14	3
旧金山	0.1799	10	12	10	34	6	21	10
迈阿密	0.1693	11	17	2	9	27	22	13
迪拜	0.1375	12	15	22	1	39	6	8
罗马	0.1065	13	31	3	6	17	12	18
华盛顿	0.0754	14	10	8	22	22	33	14
柏林	0.0647	15	18	28	7	9	19	24
法兰克福	0.0524	16	13	20	15	25	24	11
悉尼	0.0458	17	21	16	3	24	7	23
米兰	0.0111	18	30	5	36	8	4	26
斯德哥尔摩	-0.0088	19	24	13	30	14	8	28
多伦多	-0.0216	20	25	30	18	13	23	17
维也纳	-0.0282	21	23	6	11	29	15	30
亚特兰大	-0.0328	22	19	17	21	28	32	9
首尔	-0.0430	23	16	19	27	15	16	31
马德里	-0.0455	24	26	35	23	11	11	19
哥本哈根	-0.0698	25	14	25	16	19	29	29
上海	-0.0706	26	27	32	32	18	2	22

（续表）

城市	总体得分	总体排名	经济发展排名	人文环境排名	生态环境排名	科技研发排名	社会发展排名	对外影响排名
阿姆斯特丹	−0.1078	27	20	37	14	21	30	16
北京	−0.1277	28	34	14	38	12	5	25
莫斯科	−0.1336	29	29	4	8	16	38	20
台北	−0.1677	30	28	26	12	23	9	32
苏黎世	−0.1770	31	11	31	19	33	31	27
布鲁塞尔	−0.2286	32	22	7	31	34	25	33
曼谷	−0.2954	33	36	39	17	10	34	21
吉隆坡	−0.3650	34	33	38	4	37	20	34
墨西哥城	−0.4619	35	37	21	33	36	26	35
圣保罗	−0.5122	36	35	24	28	31	36	36
伊斯坦布尔	−0.6734	37	32	33	37	35	39	37
布宜诺斯艾利斯	−0.7042	38	39	29	35	30	37	39
开罗	−0.7126	39	38	18	39	38	35	38

资料来源：陆军. 世界城市判别指标体系及北京的努力方向[J]. 城市发展研究，2011，4.

参照该研究成果与城市成长历史，可以看出：典型的传统世界城市有纽约、东京、伦敦等，代表性的新兴世界城市有香港、新加坡、迪拜等。然而，在上述定义中，世界城市的度量指标在强调经济发展一维方向的权重的同时，将环境一维方向的内容分解为人文环境和生态环境两个内涵。用此体系讨论北京水生态文明建设的主体时，还需要细化和延伸。

三、大国崛起的经国方略

（一）世界城市辅佐21世纪首强之国建设

当今世界正处于大发展、大变革、大调整的重要时期，在政治多极化、经济全球化、社会信息化和文化多元化背景下，世界城市的"全球经济系统中枢及世界城市网络系统重要节点"这一重要功能日趋凸显,直接影响及控制着全球战略性资源、战略性产业和战略性通道的占有、使用、收益及再分配,并在全球事务的话语权、定价权和主动权等方面起决定性作用。由此,世界城市建设成为各个国家发展战略的制高点。

从全球化角度来看,建设世界城市有助于国家在全球分工体系中从低附加值、低效率、低辐射的生产环节向高附加值、高效率、高辐射的生产环节转型,具有推进国家产业升级、加快转变经济发展方式的意义。从国际政治经济体系来看,继欧盟、亚太经合组织和北美自由贸易区之后,全球新兴经济体不断崛起,如"金砖四国"(中国、印度、俄罗斯、巴西)及"薄荷四国"(印度尼西亚、尼日利亚、土耳其、墨西哥)等,正加速向着世界政治经济体系的核心国转型,建设世界城市将有助于推动这一转型过程。从文化角度来看,世界城市是世界文化,特别是消费文化的象征与引领者,建设世界城市有利于国家向全球文化中心迈进。同时,以建设世界城市为契机,国家能进一步提高国际化水平,吸引、凝聚更多的经济、科技、文化、人才等资源,全面提升城市建设层次。

纵观世界发展史,美、英、日皆因世界城市的兴起而崛起。伦敦一直是支撑英国经济的核心,在组织带动国内各地区发展方面起着不可替代的重要作用;它还是全球第二大金融中心和欧洲科技文化中心,直接率领英国参与全球的经济竞争。纽约是美国最大的城市及最大的商港,大纽约约有1 988多万人口,坐落在世界最大的都会区——大纽约都会区的心脏地带,这里是国际级的经济、金融、交通、艺术及传媒中心,更被视为都市文明的代表。由于联合国总部设于该市,因此又被世人誉为"世界之都"。美国在经济上称霸世界得益于纽约的贡献,可以说,没有纽约就没有美国的经济霸权。东京是亚洲乃至世界上最大的都市,全球最大的经济中心之一,世界上拥有财富500强公司总部最多的地区。作为日本首都,它是日本的政治、经济中心,也是各类物资和资讯的最大集散地和文化教育基地。这三大传统世界城市利用自身在全球范围内的巨大影响力,推动和扩大本国在政治、经济、文化、金融、科技、信息等方面的国际领先地位。

自改革开放以来,中国的经济持续保持增长态势,目前的经济总量已跃升至世界第二位,在全球的影响力日益提高。在2008年年底的全球性金融危机中,中国仍然保持经济稳定发展的态势,成功应对了金融危机的冲击,进一步提高了对全球经济增长的贡献。随着中国综合国力的增强,为了顺应中国迅速发展和崛起的局面,实现从世界政治经济外围国家向核心国家转型、从"中国制造"向"中国创造"的拓展转型、从全球生产和贸易大国向投资和金融大国的拓展转型,以及从强壮"硬实力"向强壮"软实力"的拓展转型,目前迫切需要面向世界提升城市发展的国际化水平,提高国内大城市在世界城市体系中的影响力。北京作为世界大国和未来世界强国的首都,应借鉴传统世界城市的发展经验,努力向世界城市的发展目标迈进。

(二) 国际案例的借鉴与启示

纵观屹立于世的优秀城市,如果具有世界性地位,一般可用下述两个关联的逻辑关系来陈述其生成的过程和在世界发展中的重要性:先进产业群催生世界城市;世界城市托举世纪大国。

1. "伦敦—纽约"世界城市形成案例

以伦敦和纽约为例,虽然成为世界城市的时间不同,但先进产业群催生世界城市的路径却是类似的。在 18 世纪和 19 世纪,伦敦和纽约分别在蒸汽和电力技术方面取得产业级的突破,并且在关联产业链的上下道工艺顺序环节上两两整合,取得了具有广域市场辐射能力的核心竞争力。若干个具有核心竞争力的产业集群形成互动,整个国民经济体系出现板块整合式的内生升级换代动力。

随着两个城市的制造产业链条不断向世界范围的顶端迈进和升级,与产业链延长相配合的商品市场,尤其是大宗商品市场,得到快速发展,商业银行的力量得到前所未有的加强。到 20 世纪下半叶,伴随着城市集聚效应的扩大,当土地类要素市场交易和权益类证券市场交易变得有利可图,且逐渐成为长期开发融资的主导时,早期的证券资本市场形态出现了。货币和资本市场的发展使得以往必须依靠家传土地和财富才能形成第一笔建设资本金的现象,现在则有可能通过信用和融资的方式,使资源的横向整合成为可能。跨行业和跨地区的企业出现了,全国性和跨国性的公司也在不断涌出。就这样,两个城市在产业链成长的同时,也通过市场的延伸使经济资源的整合更加有效,使城市集聚区总部动员资源和整合资源的能力不断提高。

产业和市场的升级使城市某个或某群产业的总部集聚区演变为核心区,出现了可观察的都会区,而附存在周围的金融中介,带动了法律、会计、咨询和投融资等高端商务的发展。随着世界经济格局的变化、国际竞争的加剧、要素市场的创新升级,使各类新兴市场不断涌出,同时进一步强化了其世界城市的地位(见图 1-1)。

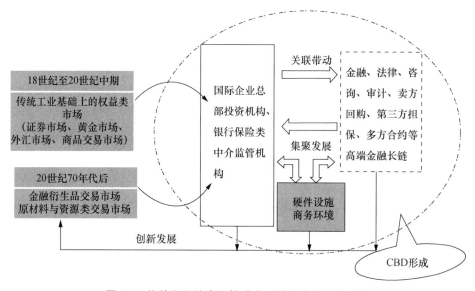

图 1-1 伦敦和纽约产业推动市场并形成核心集聚区

2.“巴黎—东京”路径的启示

伦敦和纽约两个世界城市的成长路径并非个案。19 世纪上半叶的巴黎和 20 世纪下半叶的东京也经过了类似的演化逻辑,但稍有不同。当伦敦依托工业革命,于 19 世纪快速向超大都会城市过渡的时候,处在海峡对岸的巴黎并没有在人类初次工业化的道路上与伦敦拉开多大距离。当伦敦的国际影响力逐渐形成的时候,海峡对岸的法国没有袖手旁观,巴黎也呈现了大规模的工业化生产,产业成长出现集群效应,只是比伦敦晚了二十多年。当伦敦走到世界的前列,收获自己先发优势效应的时候,巴黎却以伦敦的工业化示范为模板,加大海外扩张(与这一时期工业化国家的对外扩张类似,更多的时候是不光彩的掠夺性和殖民性扩张)来进行生产。此时,法国政府的调度力在不断强化的同时,巴黎都会区的发展也得到了公共部门调度资源的支持。

19 世纪末和 20 世纪初的东京,虽然较伦敦、巴黎晚了一个时代,但在发展政策和管理方面,沿袭了巴黎公共部门重头参与的模式,而在产业成长、厂商集聚、市场拓展方面,高度耦合了伦敦—纽约的路径。20 世纪初,挟明治维新的产业发展成果,日本在对外贸易中学习了西方殖民主义丑陋的一面,并且在侵华战争中将其发展到极端残忍的地步。日本在海外战争中获胜的同时,东京的都会化过程得到军国主义的支持。1940 年后期的失败,给日本带来的长达 70 年的综合性损失,但京阪神地区因韩战因素而衔接,并延续了 20 世纪 40 年代以前产业发展的逻辑。当海外经济快速发展超出东京原有商务区的承载力的时候,日本政府在没有任何基础的新宿和拉德芳斯规划了新的商务区,并通过加强硬件设施建设和优惠政策,引导发展海外产业链配套的、市场总部经济所需的中介功能区。随之而来的跨国机构和相关产业的规模集聚,最终成就了其世界城市的发展定位(见图 1-2)。

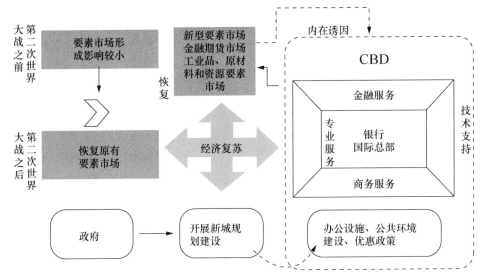

图 1-2 巴黎和东京建成世界城市的路径

3. 中国建设世界城市的契机

进入 21 世纪之后的第二个十年,新常态经济在全球范围出现。结构大调整、政治多极化和经济全球化的趋势凸显,在世界经济重心呈现东移之际,世界城市的东移先走了一步。更大的全球性候选城市出现在亚洲大陆板块的主要部分——中国的版图上。改革开放以来,中国的经济持续保持高增长态势,到 2014 年年底,中国经济总量按照购买力平价计算,已经是世界第一;按照汇率平价计算,已稳居世界第二。中国在全球的影响力日益提高。继 2008 年全球金融危机,中国仍然保持经济稳定发展的态势,成功应对了金融危机的伤害。中国超大城市进入了建设世界城市的历史最佳机遇期。

四、北京建设世界城市展望

北京是我国经济高速稳定增长的最重要的驱动城市之一,在我国高新产业和先进产业的成长中,一直起到了引领和示范的作用。例如,在 20 世纪 80 年代经济体制改革之后,一批老品牌相继在市场竞争中失去了存在的能力,不一而足的有王麻子剪刀、牡丹彩电、白兰洗衣机、白菊冰箱、212 吉普、135 照相机、双菱手表、天坛衬衫等,取而代之的是一系列高新技术产业和先进产业的喷涌,包括联想、方正、用友、搜狐、新浪、网易、爱国者、百度、当当网等,就连阿里巴巴也都是在北京完成其核心业务发展的。最近一段时间以来,以电子商务技术为表,以第三方市场平台为里的新型互联网经济在北京出现,为北京向世界城市的迈进又增添了新的力量。

1. 北京的"协同"与"分化"

都会城市区域板块的形成有自己的运动规律。以十年为一个划分单元,京津唐城市群在过去三个单元时间(三个十年间)里,借助环渤海经济产业链,实现了跨行政辖区及跨国境延伸,创意、研发、设计、市场、会计、金融等第三方市场向都会核心区(原城八区)集聚,尤其密布于北京核心都会城市区(海淀、朝阳、东城、西城、宣武、崇文);轻制造、日用制造、物流采购、加盟后台以及基础数据处理等产业,向专业园区和近郊区(主要是通州、顺义、昌平、密云、门头沟和大兴等)转移;加工制造、装备制造、压延锻铸等行业,向远郊区甚至向行政分区外部转移。北京在产业链延伸、产业结构调整的同时,整体城市的空间板块出现分工,结构功能出现转型。一方面,北京向自己周边的产业跨行政区拓展,使得自己形成后车间经济成分;另一方面,北京携周边都会城市一道，与世界大区间的经济紧密地联结起来。比如，以现代汽车和三星电子为产业生长点，北京和韩国经济联结的紧密程度，甚至超过了和自己周边 250 公里半径内某些偏远经济协调区的联系。此外，北京空港的吞吐量，将会很快超过欧洲大区空港中心之一的伦敦希斯罗空港，成为世界最大的空中干线港口。北京在空间布局上，彰显了由传统制造类工业城市和消费城市向国际大都会城市转型的强劲趋势。

2. "洛杉矶分化"与"北京分化"的比较

在世界范围内，虽然不乏相像者，但北京 20 世纪 90 年代出现的由传统工商城市向现代化都会城市转型的空间演化过程，与洛杉矶都会城市群在 20 世纪 70 年代出现的转型过程最为相似。当洛杉矶原有的商业港口贸易区与周边 15 个卫星城市连成一体的时候，商业区、港口区、好莱坞文化区和创意研发区域出现了分化。这和京津冀下的"大北京"十分相似，周边城市逐渐连成一体，但是人口规模却比当年洛杉矶都会城市群要大得多。

洛杉矶的空间格局分化，涵盖了商业 CBD 和金融 CBD 的分化，以及传统工商区和文化创意区的分化。当洛杉矶的港口、贸易、旅游、酒店、酒店管理等传统工商企业出现集聚时，城市的空间结构出现功能上的变革，城市的传统商业 CBD 和金融 CBD 以及后台数据支撑区（backstaff area，BSR），在物理板块上形成分离。与此同时，文化创意类新区也逐渐在一个相对独立的远郊区扎下了根，围绕着创意、表演、演员培训、外景置换以及后来衍生的摄影棚旅游、主题餐馆、金像奖等节日会展经济，形成了影视新区——世界商业电影之都好莱坞（见图 1-3）。

北京早年由"东城—海淀"的电影和演艺实体，到宋庄"798"园区的出现，也有与洛杉矶类似的产业冲动和板块分化的动力学机制。但北京空间格局分化，与 20 世纪 80 年代的洛杉矶空间格局分化还是有不一样的地方。

首先，北京城区的功能板块在 2000 年以后快速变化，与泛渤海地区及两三角地区形成一个为世界而生产的大空间，催生出了两个市场（连接产业链上游企业集群的原料中间品市场，以及连接厂商和消费者的零售品市场），且这两个市场同时出现，比重大体相同。

其次，与洛杉矶地区以贸易产业链下游轻制造产品为主的产业结构不同，"北京分化"不仅实现了商业 CBD 和金融 CBD 分化、传统工商区和文化创意区

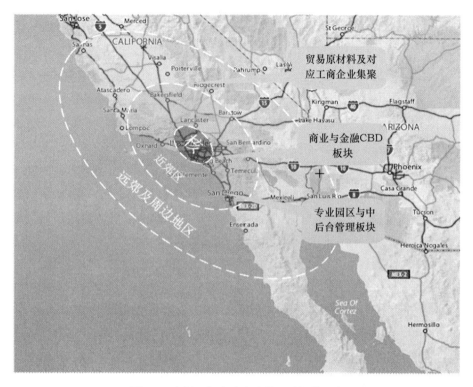

图1-3 洛杉矶都会城市功能区域板块示意

分化,更重要的是,在为世界生产的过程中坐拥了一个巨大的中间品原材料市场——第三方交易市场。不仅如此,大宗商品市场与权益类要素市场同时在一个城市的不同区域近距离形成,完成了"市场的市场分化",这种市场群是20世纪洛杉矶都会城市群崛起时所不具备或者无可比拟的。这就是独特的"北京分化"。

洛杉矶是一个年轻的城市,20世纪80年代以前观看洛杉矶及整个加州地区,其经济地理与中东部传统经济存在巨大的"分隔带",沙漠和大片荒凉地带形成的这种阻隔,从某种意义上说,更像是美国经济版图上的一块"飞地"。而北京则不然,它与周边的环渤海地区构成了你中有我、我中有你的大区域融合经济圈,其经济地理深深地扎根在了中华经济以千年为纪元的历史和现实当中

(见图 1-4)。①

3. 北京成为世界城市的历史最佳机遇期正在来临

过去三十年间,北京由工商企业集聚和传统商业 CBD 城市功能板块迅速向现代化都会城市过渡。虽然北京都会核心区及周边地区城市群的构造与洛杉矶及周边地区城市群最为相似,但是北京都会区城市功能还有另外一维的分异——大宗商品市场群与权益类要素市场群近距离集聚而出现功能板块的分化,这种市场分化归因于北京及周边地区的车间制造经济,其是在 21 世纪为世界生产而形成。这一超"洛杉矶分化"的"北京分化",使得北京城市功能板块相对于世界要素市场城市群更为复杂:北京在传统商业 CBD 和金融 CBD 之外,又

---

① 因其独特的历史演进和区域市场发展积累,北京在中华民族大融合的历史过程中一直充当着中原和东北板块的交通枢纽(形成市场的外部性基础),并因此被多次建设为京城——城市的城市。发展到今天,北京在航空客货、公路铁路客货两运的中转功能上不仅已经成为国家枢纽,而且在国际大区航空中转功能上成为洲际核心交通枢纽。除了美国的芝加哥和中国的成都之外,世界任何一个大陆型洲际枢纽城市和国家交通枢纽城市,很难和北京相并譬。

超过两千年的京城积淀,绝大多数时间管理着世界上最多人口形成的庞大经济,使得北京在国家核心管理功能上也只有世界少数城市能与之相比。比如,西城区和朝阳区拥有的国家机关所在地和外国使领馆所在地形成的首都资源,恐怕只有美国的华盛顿整个城区(DC)才能和其匹敌。国家核心管理职能为北京带来了总部集聚经济。比如,北京中关村西区总部经济区和金融街总部经济区的成功,其国家首都城市综合管理资源的外部性支持功不可没。

围绕其洲际经济、地理、交通中心和国家核心管理城市功能,北京又派生出教育、科研、文化、创意、出版和传媒等关联领域产业群。在教育和科研中心城市的功能上,也许只有美国的波士顿能与其比肩。但在其功能综合外部性上,波士顿虽有哈佛大学、麻省理工学院、波士顿学院和塔夫茨大学等名校,但北京除了北京大学、清华大学、中国人民大学、北京师范大学和北京航空航天大学等名校之外,还有中国科学院和中国社会科学院两个超级研究综合体。除却教育和科研,北京还有全国性的大报、世界性的媒体等,触角深入各个领域的出版集团,这又使得单一科研和教育功能的波士顿相形见绌。在旅游、理财、创意、表演和演艺等方面,北京能和世界前五位的城市,如旧金山、纽约、伦敦、巴黎和东京相媲美,但其历史积淀更为深厚,旅游资源更为广博。

总结起来,在城市全方位功能上,北京很可能等于美国的"华盛顿 + 芝加哥 + 波士顿 + 旧金山"城市功能的总和。事实上,北京的人口也和这几个城市加起来差不多。也许,只有美国的纽约或者中国的上海两个沿海城市在经济发展的综合能力上与北京难分伯仲。

如此综合的城市发展功能,使得北京核心都会区的发展超越了美国首都华盛顿特区纯国家管理中心的功能。北京的产业链构成不像华盛顿特区,把贸易和金融送给了南边的纽约,把教育和科研让给了东北边的波士顿,把都会消费区赠予了紧邻的马里兰和新泽西;而是在周边地区出现了类似于 20 世纪 80 年代洛杉矶及周边地区 15 个县市融合,产业链相对分工但匹配程度高,在更大规模上联动发展的情形。泛渤海的北京、天津、唐山、大连、烟台、济南、青岛、石家庄等不少城市间物理边界"软化"或者消失,趋向融汇为一个行政地理上分立、经济地理上分野模糊、由珍珠链状的城市带向几个带组成的群过渡的 21 世纪超级城市群。也许,欧洲的下波罗的海城市群是世纪城市群竞赛意义上的又一个重要参照。

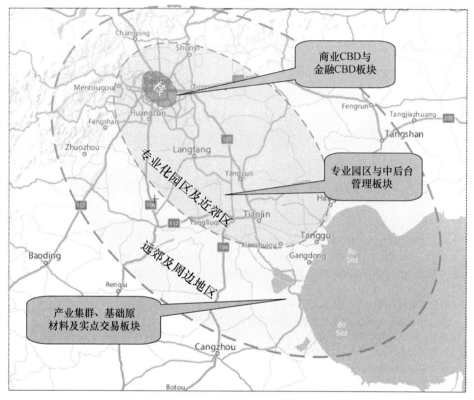

图1-4　北京都会城市功能区域板块示意

出现了大宗商品市场群与权益类市场群集聚的新功能板块；传统 CBD——王府井和前门核心区向东和向西拓展，向东扩展为朝阳区连接大宗商品市场、诱发金融功能和现代商业 CBD 的中台管理区，向西拓展形成西城区金融 CBD。同时依赖于北京强大的高校、科研、信息网络等优势，培育出支持高新技术产业的园区 CBD 及 CBD 后台服务功能。传统 CBD、金融 CBD 和 CBD 中后台服务共聚核心区的现象，是北京区别于其他世界都会城市功能的主要特征(见图1-5)。

　　北京城市功能区诱因于产业链自身升级换代，其要素市场的发展超越了洛杉矶的城市功能，这种现象既与早年纽约产业链发展的动力学机制相像，又与洛杉矶都会区的功能板块分化模式相像，使得北京城市功能分化在空间观察上出现了相对独立又相互支撑的功能板块。

　　在主功能的观察上，北京的朝阳区和西城区在具备传统国家管理中心和驻

图1-5　北京核心都会区空间功能集聚示意

外使馆中心两个功能之外,又在传统商业集聚区之上累积了金融集聚功能;北京的海淀区在城市功能上除了高等教育和研发之外,又累积了中关村科技园区等创意和高新技术产业孵化的功能;北京的昌平、顺义、大兴、丰台、房山等近远郊区迅速以产业园区和中后台管理区集群,向核心都会区转化;北京的密云、平谷等远郊区也向旅游、休闲、文化创意和艺术及表演等关联产业功能转化,成为北京核心都会区的休闲"后花园"。目前,北京的城市功能已经从核心区辐射到近远郊区,并与产业链的成长逻辑合理地衔接起来了。

　　依据北京都会城市功能分化的趋势,下述空间布局有引领世界都会区集聚的潜力:① 北京周边产业链延伸将总部经济高端向北京方向收敛;② 第三方市场和大宗商品市场将会向核心都会区集聚;③ 权益类要素市场的业态形式在第三方市场之下(如场外交易),将会与周边的卫星城和产业集聚核心区相结合;④ 大宗商品要素市场的定点仓库和场外交易市场将与中间品物流调运实点相结合;⑤ 互联网＋市场中介平台,将成为连接第三方市场和实点市场、场外市场和中介实体,进而连接周边产业的桥梁和纽带。

　　我们可以相当有信心地说,北京成为世界城市的最佳历史机遇期正在到来。

本 章 结 语

世界城市是城市发展的高级形态,是一个融政治决策、战略管控、文化价值与经济协调能力为一体的世界顶尖大都市。

世界城市已成为全球经济中枢和城市网络的重要节点,影响并控制着全球资源、产业和通道,成为国家发展战略的制高点。美国、英国、日本皆因其世界城市的兴起而崛起,新加坡、以色列、阿联酋等国的高速发展,其新兴世界城市也功不可没。建设世界城市,有助于国家在全球分工体系中从低端向高端转型,向世界政治经济体系的核心国家转型,向全球文化中心迈进。以此为契机,国家还能吸引、凝聚更多的经济、科技、文化、人才等资源,提高国家的国际化水平和城市建设层次。

先进产业群必将催生世界城市。产业和市场的升级,使附存在周围的金融中介,将带动法律、会计、咨询和投融资等高端商务的发展。同时,随着世界经济格局、国际竞争等外部环境转变,以及要素市场创新升级后催生出各类新兴市场,核心城市被推动和强化着向世界城市转型,世界城市将托举世纪大国。

国外案例启示:北京空间布局的演化,具有引领世界都会区集聚的潜力;产业和市场的升级,刺激城市某个或某群产业的总部集聚区发展成为核心区,出现可观察的都会区现象;北京大都会功能板块的空间分异和协同,彰显着北京成为世界城市的历史最佳机遇期的来临。

参 考 文 献

[1] 万金泉,王艳,马邕文. 环境与生态[M]. 华南理工大学出版社,2013.

[2] 萨丝雅奇·沙森. 全球城市:纽约、伦敦、东京[M]. 周振华等,译. 上海社会科学院出版社,2005.

[3] Ostram, E. Governing the Commences[M]. Cambridge University Press, 1990.

[4] 阿瑟·奥沙利文. 城市经济学[M]. 北京大学出版社,2008.

[5] 东京市政调查会编译. 世界四大都市的比较研究[M]. 日本评论社,1999.

[6] 波特. 国家竞争优势[M]. 李明轩,邱如美,译. 华夏出版社,2002.

第 2 章　北京成长为世界城市的水资源约束与破解

一、水文明造就世界城市

生态文明这种新的文明范式,是人类文明经历了数万年的发展后,在工业文明激烈的内在矛盾和冲突中产生的新的文明形态。它犹如一个网状巨型系统,各链纵横交错、立体交叉而存,生态伦理、生态文化、生态行为、生态环境、生态政治和生态科技等,构成生态文明链的各个重要链条环节。

水生态文明是生态文明概念的延伸,其核心内涵是人然与自然、人水和谐发展而创造的物质和精神财富。生态文明的重要组成和基础保障是水生态文明,而城市是生态文明建设的物质载体。

(一)城市起源与水自然生态

水乃生命之源,发展之本,系民生之需,生态文明之基;水,养城之源,生城之态,筑城之形,乃亦之也。古往今来城市大都因水而起,因水而兴,因水而衰。城市选址以水为前提,与水共枯荣。水自然生态对城市的产生和发展有着深刻影响。

作为文明古国的中国,城市最早产生在黄河和长江流域。远古时期,人们为了生存,"堙高坠庳,雍防百川",以免受洪水侵袭,这便是我国"城"的雏形,故《国语·鲁语上》中有鲧"作八仞之城"的说法。2 600多年前,管仲就在《管子·度地》中说道:"故圣人之处国者,必于不倾之地,而择地形之肥饶者,乡山,左右经水若泽,内为落渠之泻,因大川而注焉。"这充分说明城市选址对水源的依赖性。

国外古代的城市文明也一样,大多依水建设和发展。在奴隶时代和封建时代,世界各国城市的规模发展速度都非常缓慢,功能也比较简单。此时,水发挥着重要且不可缺少的作用:为城市居民(包括军队和政权机构人员)提供日常生活用水;为城市与乡村之间以及城市与城市之间沟通联系、传递信息、运输物资、交易商品等提供主要的运输通道;为城市的军事防御提供一种有力的防御武器——护城河;为统治者的皇宫御苑、私宅园林提供水源以美化环境。这些功用与城市功能达到完美的一致。

城市变迁的近代史就是一部人类逐水的时空演变史。"逐水而居""因井为市",水决定了城市的生存和发展、风格以及环境。在欧洲,发源于德国,流经奥地利、斯洛伐克、匈牙利、克罗地亚、塞尔维亚、保加利亚、罗马尼亚、摩尔多瓦、乌克兰等十国的多瑙河,孕育了河流两岸璀璨夺目的城市群和国际大都会。纽约、东京、伦敦等世界大城市不仅依河而建,且多在水量充沛的入海口(纽约在东河和哈得逊河的河口,东京在隅田川和荒川的河口,塞纳河穿巴黎而过,泰晤士河穿伦敦而过)。泰晤士河、塞纳河、哈得逊河等河流在伦敦、巴黎、纽约等世界城市的发展中扮演着不可替代的角色,成为城市文化的摇篮和城市风情的展示,甚至是城市名片。在我国,沿珠江流域的大珠江三角城市群,正以世界第三大都市圈的格局迅速发展;就算是长江一条小小的支流黄浦江,也镌满了经典的历史,承载着上海走向世界的深厚底蕴。

北京地处燕山脚下,属于海河流域,市内有五大水系(蓟运河水系、潮白河水系、北运河水系、永定河水系、大清河水系)及诸多支流,北京的建城史、建都史都与水系有着密不可分的关系。从古到今,水系水体在北京城市规划用地构成中占有非常显著的位置。对于当前以建设世界城市为发展目标的北京来说,延伸研究城市与水的关系,深入探讨水生态文明建设的内生动力,具有重要的战略意义,也可被其他城市的发展所借鉴。

(二)传统城市依托优良的水生态而存续

在环境生态一维方向上思考世界城市,水生态是其最为重要的构成要件。城市对水源的依赖,是古文明发展和集聚的必然。农,国之本也;水,奠定了农业的兴旺发达及经济发展的基础。四大文明古国——古埃及(非洲东北部及亚洲西部)、古巴比伦(亚洲西部)、古印度(亚洲南部)和古代中国(亚洲东部)都建立在容易生存的河川台地附近。两河(幼发拉底河和底格里斯河)流域、尼罗河流域、黄河和长江流域,以及印度河和恒河流域,相继产生了世界四大文明,造就了各大、中、小城市,孕育了古文明的诞生和发展。在中世纪,水不仅是世界各国城市生存的必需品,还是地域主要的运输通道以及军事防御武器。随着工业革命的到来,自然水生态、人然水生态逐步产生交集,改变了互动机理。

1. 来自伦敦的水经验

公元50年的《罗马书》记载了凯尔特人于公元43年入侵英格兰后,在泰晤士河畔建城的事件。伦敦(London)一词来自凯尔特语(Londinium)。伦敦位于英格兰东南部的平原上,沿泰晤士河两岸发展。伦敦在建成之始就与河流结下了不解之缘。

伦敦的存续依托于优良的天然水系。虽然与我国黑龙江省北部的纬度相差无几,地处大西洋东岸的伦敦受北大西洋暖流和西风的影响,来自西岸低纬度的暖流,一路深潜表匐,在阳光的助力下,将温润的水蒸气送上了英伦主岛,形成常年降雨的气候。更为重要的是,依托无数面迎暖流而兀立的山峦冷表层,伦敦获得了一类较少为专业人士所关注的恒时界面成水机制。降水具有偶发性和季节性,但成水却具有机制性和恒常性,两者结合起来,伦敦的水源在居住于其上人群的知与不知之间,浇灌了山川大地。曾有历史学家说"埃及是尼罗河的赠礼",其实,伦敦何尝不是大西洋和泰晤士河的双重赠礼呢。

随着工业革命的到来,产城融合使得伦敦核心区的土地变得稀缺,价格不断攀升,作为公共区域的天然河湖网汊,被不断拓展的工业设施和人然居所所挤压。随着近郊和边远地区的田野不断被转型为城区,隔离伦敦和大西洋海水的河网屏障不知不觉地被人为摘除了。1953年,海水不客气地冲进了伦敦城里,在人然活动的影响下,优良的自然水系均衡被打破了。伦敦人终于明白,平缓流淌的泰晤士河与海水相隔无事的秘密在于天然水网的阻滞作用,大西洋席天卷地的巨浪在河湖网汊系统面前,存在着低头的空间。伦敦人有修复和重建均衡的责任。经过30年的建设,到20世纪80年代的时候,技术极其复杂、工程规模超大的泰晤士拦潮工程完工,污水处理和节水工程不断跟进。近年来,伦敦人然水网和自然水网之间的新平衡逐步建立。

2. 洛杉矶水问题的启示

美国西海岸中部的洛杉矶,在 20 世纪 60 年代以后高速发展,到 20 世纪 80 年代的时候,核心城区的十五个中小城镇逐渐"长"到了一起,变成了一个赶上纽约的超级都会区。洛杉矶与北京最为相近的共性特征是:缺水、"摊大饼"式的城市拓展、地上水网的建设赶不上城市扩张的速度,以及不得不大量开采地下水等事实。洛杉矶在第二次世界大战 30 年间的经济扩张,很好地为北京改革开放后 30 年间的扩张提供了参照。

洛杉矶地处太平洋东岸,属于地中海气候,终年干燥少雨,属于半干旱地区。如果把太平洋的距离因素忽略的话,洛杉矶就像是北京和天津的斜对门邻居,只不过,洛杉矶比北京更为缺水。

在上一个地质时代,洛杉矶周边山上的小溪和河流汇入了今天都会区所在的区域。都会区及周边的砂质河床和砾石随着时代的更迭而变迁,前一期的河床被后续的泥土层覆盖,不同层的地质构造在表层区间形成地下水湖,虽然科学家们大体上知道这些地下湖泊的蓄水规模和边界,但对其水网和动态机理的精准过程还是知之寥寥。

土地制度和用水制度的设计者们当然不知道这种暗湖构造为超大城市的成长带来了什么样的经济学和制度行为后果。当贸易和工业大发展后,城市快速扩张,地表水不敷所需,不得不开采地下水。一个机会成本摆在洛杉矶人的面前,对来自上加州和科罗拉多河的供水,人们需要按照市场价格付费;对从地下抽取上来的供水,人们只需要按照抽水成本付费。比较两个来源,地下水的价格约为地表水价格的 45%! 这对需要大量用水的生产性厂商和农作经济实体来说,使用地下水有更大的成本节约。于是,制度激励人们加快对地下水的开采。

如果没有地下水的补偿,地表水将会使单位英亩(6 市亩)的用水成本,比如种植,增加到 2 400 美元。可以想象,如果没有某种制度的矫正,地下水的开采将会不断加速。但还有一个更为严重的问题,诺贝尔奖经济学家 E. 奥斯特拉姆(E. Ostram,1991)指出,运营成本还不是灭顶之灾,比地下水资源更为稀缺的是地下水湖构造,这些地质构造不仅是一个水存储器,而且是不可再生资源。一旦层和层之间的地质水隔断被一定数量的地下井口所捅穿,整个上层的地下水湖就会像漏斗一样下泄,造成不可逆转的资源损失。很显然,形成这些地质构造的时间是以亿年为单位的,修复将是一个天价的成本。我们今天知道,北京都会区地下水竖井式抽取的结果,就是形成取水的漏斗型"癌变",这比洛杉矶当年还要严重。除了北京周边地区的地下水位严重下降之外,更有来自地面工农业和商业的污染,这类污染对人畜饮水造成的危害,更具有时间上的挑战性。

洛杉矶的问题比伦敦要大得多,当十几个县、几十个乡镇城市长成一片,且争抽地下水达到破坏地下蓄水构造的阈值时,多达 3/4 的地下水湖被抽低水位,海水倒灌进来,变成饮用水和商用水的绝望之湖。为了保护水源,洛杉矶采取了下述措施:

建立水务监管特区。美国民法规定,地面水权为"谁先到,谁获得所有权"。地下水权的分配原则为"地上土地所有权的获得者,连带拥有地下水资源的所有权"。但是问题来了,人们可以方便地划分土地边界,但改变不了地下水湖天然连成片的事实,无法界定地下水资源的边界属性,当出现问题人们又没有办法钻到地底下去司法强制。换句话说,民法权早年的规则,在都会区大发展的时候不再适用了。一个让步性的方法是:经济人在自家抽取地下水的时候,谁家的市场销售额大,抽取水的频率高,谁就可以获得较大的配额,以便间接地通过用水量来划定用水权,从而间接获得自己所谓的地下水的拥有权。

执行的结果是,在都市化的超高速发展期,人们拼命地抽取地下水以获得水权,尽管有些不是为了工业和农业所用。这实际上表明,地面土地的所有权,并不能很好地定义地下水体的所有权。地下水湖的边界不可能像地上土地的边界那样清晰划分,此时地下水更像是一个公共集体资源,谁抽得快,谁就获取得多。为了遏制这种竞争性抽水的现象,洛杉矶市政采取了应对措施并实施了创新管理:

首先,洛杉矶在 7 个地下水湖中,选取了靠近海边的 6 个水湖,设立了水务监管特区,防止过度和恶性抽取地下水的现象进一步发生。

其次,明确监管特区的职责和作用。鼓励公民大会自律监管,生成司法体系的新"肢体器官"。监管特区不直接参与公民大会的管理,而是鼓励各个使用水的共同体公民开会制定一致行动人章程。自律和互相监督的成本是公共监督成本的微量。一旦出现纠纷,监管特区进行调节,酝酿专门的规则和制度改进。这是一个聪明的选择,滨海区的地下水湖水位下降后受海水倒灌会威胁到每一个人的利益,共同体个人在保护自己的地下共同资源——蓄水湖泊不受损害方面制定出了各自抽水量的切合实际的指标。试想如果由监管特区设立指标的话,很可能会激励人们多报抽水指标,但在共同威胁前,人们更愿意按照实际需求报出指标。当执行过程中出现偏差和摩擦时,监管指标很可能形同虚设,这在中国非常普遍。洛杉矶矫正办法的一个可借鉴的方面是,监管特区不是同类司法功能在监管区一级的延伸,而是依赖它完成了原来不可能完成的任务。

最后,监管特区为过程仲裁机构,而不是过程监管机构。当监管职能改为过程仲裁、监管工作由共同体自己解决时,仲裁机构延伸了民事法庭的边界,这将会使法的决定更有实际信息的支撑,从而降低误判的概率。一旦法变量在调整水资源使用量达到社会最优方面比监管的作用更为积极时,社会的执法成本就大大降低了。这和北京恰恰形成鲜明的对照,北京的监管部门直接管理实务,仲裁的功能消失了,存量的法庭判决只能以谁举报、谁举证的粗疏方式来断案,表面上看似乎降低了司法成本,但在有共同利益的条件下,还有更为节约的制度选择。

经过 20 世纪 80 年代以后数十年的改进,洛杉矶在较好地解决了城市化过程既切分性资源(divisibility) 又必须共享公共产权资源(空气、公共场所、人际关系和环境等)的问题,值得北京和我国其他地方,包括国家层面的社会各界学习和参考。

二、水人然生态成为北京建设世界城市的关键

水资源集公共品、竞争品、稀缺品三种属性为一体,具有典型的基础性自然资源和战略性经济资源的特征,成为经济社会发展的重要支撑和生态环境的控制性要素。然而,目前北京水资源遭遇了自然禀赋制约下的水循环动态失衡,人然水资源供需落差下配置扭曲的胁迫,沦陷为“超极度水危机之都”,缺水为制约首都经济社会发展的第一瓶颈。

（一）北京与世界城市水生态条件比较分析

1. 与传统世界城市相比水资源禀赋不足

水量水质是水资源安全、经济赖以发展的先决条件。相关资料显示,纽约、伦敦、东京等世界城市天然水资源量丰富,可利用水资源量约为城市需水量的7—8倍,城市水源主要依靠地表水,其中纽约、伦敦地表水利用量占总用水量的90%以上,城市发展水资源安全储备充足(见表2-1)。

表2-1　世界大都市水资源禀赋比较

城市	气候类型	年降雨量（毫米）	过境径流量（亿立方米·a）	人均可利用水资源量（立方米·a）
伦敦	温带海洋性气候	611	19	257
纽约	冷温带湿润性大陆气候	1 200	191	323
东京	温带季风气候	1 533	140	398
北京	暖温带半湿润季风型大陆性气候	585	3.7	145

资料来源:杨胜利等. 世界城市与北京市的水务发展指标比较研究[J]. 北京水务,2011,4.

北京是典型的资源型重度缺水地区。

北京水资源的供给由两部分构成:本地区降雨形成的水量以及上游入境水量。北京多年平均入境水量为16.1亿立方米,多年平均出境水量为14.5亿立方米,上游入境水对北京水资源的构成贡献不大,天然降水是北京水资源补给的主要来源。然而,北京是一个暖温带半湿润季风型大陆性气候区,降水年际变化大,时空季节分配不均,降水时间短,多集中在6—9月,多年平均降雨量为585毫米,降水量严重不足;同时,北京年均降水总量仅为98亿立方米,且还有大约60亿立方米蒸发,剩下的形成境内水资源。其中,地表径流占17.7亿立方米,地下水占25.6亿立方米,扣除地表水、地下水重复计算量5.9立方米,境内天然降雨形成的水资源量仅为37.4立方米,北京水资源总量短缺,水资源补给匮缺(见图2-1)。

与伦敦、纽约、东京等世界大都市相比,北京在年降雨量、过境径流量、人均可利用水资源三个方面均排末位,水资源安全储备总量不够。现阶段的北京,可以说是"水资源禀赋先天条件不足",成为典型的资源型缺水地区。

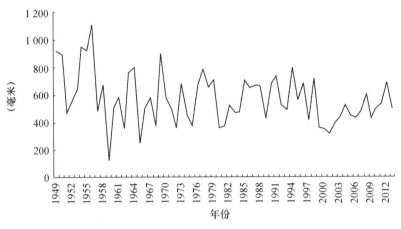

图 2-1　1949—2012 年北京市降水量

资料来源：历年《北京市水资源公报》。

2. 与新兴世界城市相比水资源配置不当

迪拜是阿联酋人口最多的城市，也是中东地区的经济、金融中心和"贸易之都"。迪拜位于阿拉伯半岛中部、阿拉伯湾南岸，与卡塔尔为邻、与阿曼毗连，并交界于沙特阿拉伯，与南亚次大陆隔海相望。其常住人口约为 262 万人。迪拜属于典型的沙漠气候，每年 12 月到次年 2 月为雨季，降雨很少，年降雨量平均不足 100 毫米。

全年降雨稀少的迪拜非常重视水资源的开发利用，以便利新兴产业的发展。迪拜政府把饮用水作为居民的福利，生活用水分为三个标准来收费，以鼓励居民节水。近年来迪拜政府大力倡导以"建立循环发展模式"为核心的生态效益型经济发展政策，借助举办各类国际环保博览会提升居民的节水观念。在水资源的源头扩展、节水增量方面，政府大力扶持创新发展，加大对海水淡化和污水净化项目的金融投资与政策扶持力度，以此刺激和推动自身水资源产业的繁荣发展；此外，在全行业内积极推广更为环保节能、融发电与海水淡化于一体的热蒸馏脱盐生产技术，以推进水资源综合开发、循环发展。例如，世界著名高楼迪拜塔，在设计理念上就充分体现了环保循环的概念(利用众多空调设备排放出 15 000 升的循环水，回收再提供景观用水)。

在产业选择方面，迪拜针对本国水情，大力发展节能节水的新兴产业来替代传统产业。现如今，转口贸易、旅游、电信、水电以及现代化高科技产业已形成主导产业群,推动着迪拜发展为全球性国际金融中心,东、西方资本市场的桥梁,重要的贸易、交通运输、旅游和购物中心。迪拜以活跃的房地产、赛事、会谈等特色吸引世界的关注并跻身世界大都市之列。

新加坡的国土面积为 710 平方千米,人口为 540 万人。根据 2014 年全球金融中心指数(GFCI)排名报告,新加坡是继纽约、伦敦、香港之后的第四大国际金融中心,也是亚洲重要的服务和航运中心之一。

新加坡的气候属于典型的热带海洋型气候,全年气温变化小,降雨量充足。尽管年降雨量高达 2 350 毫米,但由于地形所限,河流都颇为短小,加之国土面积小的局限,新加坡的地下水资源不足,人均水资源量居世界倒数第二,是一个极度缺水的热带岛国。据新加坡统计署和公用事业局公告,新加坡的用水中 40% 依赖马来西亚进口,30% 为本地供水,10% 为海水淡化,10% 为循环水,剩余为其他方式获取。在这种情况之下,保护和利用水资源自然成为举国之重。

为解决水资源问题,新加坡政府在制定水资源长远需求可持续发展战略的同时,制定了一系列实施策略和应对措施来保护本国水资源:① 新加坡对本国水资源实行了全方位管理,包括水资源供需的组织、政策、法律、流程、科技、人力资源等,通过大力发展再生水、雨洪水、海水淡化等途径,改进水质管理并且逐步降低产出和管理方面的花费。② 根据新加坡雨量充沛,具有短历时、小区域、大流量的特征,采集储存雨水。③ 构建了一整套"下水道收集系统",用以收集所有的废水和污水,同时建造了相对独立的排水系统和下水道污水处理体系,通过微过滤系统和其他形式的高科技,用来进行生产生活废水污水处理,从而实现废水循环利用。④ 发展科技"海水淡化",制定政策,鼓励私营企业参与海水淡化。⑤ 加强水资源管理立法的同时,推出节水标记计划、节水建筑,以及强制性控制各类供水器具最高水流量等政策;严格的执法机制和执法程序、有效的监管体系,从根本上杜绝水资源浪费和水污染事件的发生。⑥ 加强教育,提高民众节约用水的意识,完善奖惩制度。

新加坡规范的水资源管理系统,实现了有限水资源的立体配置和产出最大化,而大型蓄水计划、海水淡化和循环再利用等高科技的应用,使得水源供应更加多元化,逐步迈向水供应自给自足的目标。

香港的总面积为 1 104 平方千米,人口为 718 万,也是一个淡水资源极度匮乏的地区。香港地形以山地为主,地域狭小,没有常年河流和自然湖泊,也无大

31

江大河过境;虽然降水较多,平均年降水量达 2 224.7 毫米(香港观象台 1951—1980 年记录),但季节分配不均。香港本地水源十分有限,蓄存雨水是香港水资源的一大来源,但对于香港这样一个每年消耗 9.5 亿立方米饮水的国际大都会来说,本地收集利用的地表水平均不足耗水量的 1/3,70% 以上的淡水供应依赖于广东省的东江水供给,水资源短缺成为制约香港发展的主要因素。香港当局的一项重要工作就是如何综合利用水资源,优质可靠地供水,以确保香港保持国际大都市的地位。

面对淡水水源不足以支撑香港社会经济发展这一严峻问题,香港当局采取了"开源与节流并重"、双管齐下的综合管理利用模式。一方面,通过宣传教育活动鼓励市民节约用水,并加强管理,进行详细计划,以减少不适当的耗水量;另一方面,优化调配东江水及本地水资源,并探讨开拓其他水源,利用先进科技实现综合利用水资源(据报道,香港每年抽取 2.4 亿立方米海水供市民冲厕之用)。精细化的水资源管理保障了开源节流的实施,例如,饮用水需求管理、本地集水系统的管理、原水运用、海水冲厕供水系统的运用及新水源的开拓等。

与北京类似,同样资源型缺水和贫水的迪拜、新加坡、香港这样一些有着全球性影响的国际大都市,凭借着政策法规和水市场等制度化的建设以及结构化的调整,依托精细多重的水资源管理模式,实现了水质水量安全及水资源的合理利用,使得水资源配置实现了利益最大化。它们的新兴产业——金融、贸易、电子、新材料、会展、会议等,形成了都市经济核心,正发挥着区域经济助推器的作用。这些大都市新兴体的发展模式,以及水资源管理和运用模式,对北京这个都会区中心城市水资源压力的化解有很好的启示和借鉴作用。

3. 北京竞争力成长遭受水环境动态失衡的瓶颈

北京地处华北平原西北部,无大江大河穿越其间,加之地处半湿润半干旱地区,水资源条件受降水量制约,人均水资源量不足 120 立方米,远低于国际公认的人均 1 000 立方米缺水下限。另据北京市水务局统计,1956—2000 年,北京市多年平均水资源总量为 37.4 亿立方米,而多年平均用水 42.36 亿立方米。1999年以后,气候变化导致平均降水量持续下降,人类活动、供需市场的影响促使北京地表水、地下水、入境水持续减少,2012 年,供水缺口已达 13 亿立方米。目前,北京仍然利用再生水、外流域调水及适度地下水开发来保障城市用水。据专家测定,到 2020 年,平水年时北京将缺水 23.76 亿立方米,枯水年时会达到 30.9

亿立方米。

　　当下自然条件的制约致使北京水资源补给能力不足,而北京生产生活的需水量远超水资源供应能力,严重的供需失衡扼制了首都的发展。作为京津冀城市带的核心枢纽区的北京,在城镇化进程,人口膨胀、外来流动人口剧增,城市高层建筑群林立、地下地面交通兴建,大规模的城市硬化面积等现实下,一方面,对水资源"量"的需求加大;另一方面,工业废水和生活污水排放量增加、环境污染,水资源有"质"的恶化,某种意义上缩减了水资源的总供给量。此外,北京水市场建设滞后,交易市场无序、水权归属定位模糊、体系粗糙,以及政府宏观调水、分配和调控过分偏重工程技术手段,缺乏市场调节等问题,加大了水资源的危机程度。水资源供应能力不足的问题正直接威胁着北京的战略储备资源,扼制着北京的建设和发展。

　　与此同时,北京以新型产业群为基础促进核心竞争力成长的模式,提出了比传统制造产业群更为复杂、有时甚至是"苛刻"的水环境需求。一般来说,传统制造产业群对水资源的需求主要是投入量的需求:每道工艺需要多少水资源投入,加总后就是投入的总量;一次性用水后对废水的处理也仅仅在于水体清洁及地表地下排放,并不将水的输入方式与工作居住环境直接联系起来。新型产业群则依赖于人力资源的积聚规模,总部、设计、会议、演艺、旅游等产业的生产环节,直接就是消费者生活的一部分,对水环境提出了"天人合一"的更高要求。

　　水资源短缺正成为北京跻身世界城市的刚性约束。

（二）建设水生态文明是北京建成世界城市的必然选择

　　水资源是北京迈向国际化大都市的重要基础物资保障,是文明之都建设及捍卫北京首都永续性的前提,也是建设国家经济后续增长先导城市的先决条件。北京水资源的生态文明建设必须上升到社会主义核心价值体系的高度来认识。

　　北京水资源危机一直是北京市乃至中央亟待解决的重要问题。北京市委、市政府面对首都水资源的巨大危机,制定了"以水定城、以水定地、以水定人、以水定产"的大政方针,要坚定不移地推动首都人口和功能疏解,坚定不移地推动"城市病"治理向纵深发展。目前在首都建设生态文明的大工程中,水资源建设上升为北京生态文明建设中的重要环节。

水资源约束的破解,迫切需要借鉴国外成功经验,进行思维创新及制度、体制、机制改革创新。**我们的哲学思考是:**应该超越简单"工程调水""节水"的惯式,在水环境动态均衡的大系统观下,寻找北京水生态文明链式人然生态和自然生态的有序连接、良性动态均衡的新的均衡点,这是水资源配置更为合理的解决之路。**我们的经济学思考是:**必须对水资源物质稀缺性和经济稀缺性的价值再定位,激活水资源完成由自然价值向使用价值的转化升级,推动资源资本化及对应资本市场建设。

综合自然生态基础的水、城市生态基础的水及社会经济发展基础物资的水,并提高到首都水生态文明链建设的高度来考量,对于解决北京水危机、北京超大城市成长所需的不断增加的水资源供给,以及使北京与周边城市一道成为令世人向往的未来宜居城市等,都具有划时代的实践意义。水资源在北京生态文明链中的建设,成为首都经济社会发展、迈入世界城市之列的前沿理论研究与实践中最迫切也是最具挑战性的问题。

1. 境外经验的启示

水资源短缺有可能使北京空气中的悬浮物质密集到几公里外便看不见高楼的程度,直接威胁空气的质量,使人们不再心仪北京的文化与居住环境。此时,北京特有的历史、人文和地理积淀而形成的具有核心竞争力的产业群的存在前提将遭遇破坏,出现成长的危机,无法用新型主导产业延伸整合周边经济中的人力资源。当北京在为自1999年以来传统工业转型用水下降28%而私下高兴的时候,却发现国内把北京归为空气污染最为严重的城市之一,国外把北京称为"一个世界级的垃圾桶",人们痛心于北京可能在短期内失去吸引国内外总部经济等人力资源群体的最基础前提——呼吸空间环境。正在向世界城市迈进的北京,面对水荒的现实,面对更高的水环境要求,筑建北京水人然生态成为必然选择。

伦敦与洛杉矶的案例为北京水生态问题的解决提供了两个有用的思路:

第一,在解决水资源的源头性问题时,要关注自然生态和人然生态相结合的均衡点,此时的社会整体福利成为最大的参照点,发展和使用出现调整后,利益调节机制要跟上。在全国一盘棋的思路下,关注水系水网的均衡能够对水生态的恢复起到更好的作用。但在我国目前条件下,部门管理造成了经济权重和政治权重大于地区和经济人本身,具有使用更大水系水网的权利。比如,如果超大

城市能够跨水系调水来解决问题的话,很可能在全国范围形成类似于洛杉矶在
20 世纪 80 年代的过度使用激励,从而使整个水环境受到伤害,反过来又由于恶
化全国性环境,进而恶化超大城市自己的水环境。雾霾就是一个典型的案例。

　　第二,北京,包括我国所有行政区域,在水生态环境建设方面对法资源的动
员程度太小。实践发现,法资源在管理"可切分性"以及同时必须有公共使用的
方面是最有效的,有时候是事半功倍的高效资源。不动员法资源,而仅仅通过行
为矫正,日常冲突仍然很大,极端时会导致社会撕裂,社会损失严重(比如,我国
农业用水长期占据用水总量的绝大多数份额)。当明确地下水权后,水务监管
向仲裁发展,司法功能加强,终端法环节——法庭判案将更为合理和深入人心,
司法的权威越高,人们守法的行为程度越高。

　　2. 北京建设世界城市水生态文明的内容

　　水生态文明建设就是要坚持节约与保护优先和自然恢复为主的原则,优化
水资源配置,加强水资源的节约保护,实施水生态综合治理,加强水资源制度建
设,实现人水和谐的水资源高效持续利用。2013 年,水利部先后出台了一系列
关于水生态文明建设的意见要求及纲要,提出要坚持以"人水和谐、科学发展、
保护为主、防治结合、统筹兼顾、合理安排、因地制宜、以点带面"为基本原则,为
进一步加快开展全国水生态文明城市建设试点工作提供基础支撑。针对北京水
资源问题,中央也一再指示北京要"以水定城、以水定地、以水定人、以水定产"
来保障首都水安全,北京市委书记郭金龙提出"把再生水用起来,把雨洪水蓄起
来,把地下水管起来",确保首都发展。根据国家大战略和北京水情,北京建设
世界城市水生态文明的内容主要涵盖以下几个方面:

　　北京水生态文明建设——节水先行。水资源节约是水生态文明建设的基
础。厉行水资源节约,构建节约型社会是世界城市水生态文明建设的重要目标。
北京要严格管控水资源,使之成为推进水生态文明建设的重要导向和刚性约束:
一是强化节约用水管理,完善和落实农林高效节水灌溉技术措施,转变用水方
式,在加大工业节水技术改造、合理确定工业节水目标的同时,加快节能及低水
耗的新兴产业的培育和发展,通过产业结构调整和技术进步,全面优化用水结
构。二是广泛开展水生态文明宣传教育,增强市民的环保意识、生态意识、全面
水节约意识,同时大力推广城乡生活节水器具,加大中水的利用。通过全面促进
水资源节约,推动水资源利用方式、用水行为的根本转变;通过加强全过程节约

管理,降低水资源消耗强度,提高利用效率和效益;通过推动水能源生产和消费革命,支持节能、低碳、低耗水新兴产业的发展,建设节水型社会,保障国家能源安全。

北京水生态文明建设的条件——水环境保护。良好的生态环境是人类社会经济可持续发展的前提条件。建设生态文明的直接目标是保护好人类赖以生存的生态环境。水生态文明是人类能够自觉地把一切经济社会活动都纳入"人与自然和谐相处"的体系中,包含人口、资源和环境的可持续发展,包容经济、社会与自然协调的和谐发展,覆盖优化生态、安居乐业、幸福生活的科学发展,体现新型工业文明转型的绿色经济发展。

北京水环境保护是一个大的概念,要从保水、饮水、蓄水、用水、护水多个层面来考虑。目前北京降水和来水严重不足,城市应急水源地已接近开采极限,加大水源地保护,实施生态修复、生态治理及生态保护,是水环境保护的直接内容。此外,历来北京水源以地下水开采为主,南水北调中线工程的水源进京后,首都供水模式呈现了多样化特征,多源互补优化水资源配置,协调水量调蓄及供需关系,实行水资源联合调度,分质量供给外调水、水源地水、再生水、应急备用水,提高水源利用率,这也是水环境保护的重要内容之一。

北京水生态文明建设的根本——水安全维护。水资源安全保障是水生态文明建设的根本。水安全是在一定流域或区域内,以可预见的技术、经济和社会发展水平为依据,以可持续发展为原则,水资源和水环境能够持续支撑经济社会发展规模、能够维护生态系统良性发展的状态。通过对水资源进行合理开发、优化配置、节约利用、有效保护和科学管理,实现用水安全和人水和谐,这是践行生态文明建设的根本。

北京的缺水是混合型的缺水,包括资源型缺水、水质型缺水、管理型缺水、制度型缺水等。北京的水安全问题,已经远远不是寻觅供需平衡点的简单问题了,它涉及用水保证、水价承受能力等社会安全,水质水量保障程度、水费占生产成本比例、经济用水等经济安全,以及水生态压力和响应等生态安全问题。

因此,北京水安全的维护必须放在一个大系统层面加以考虑:如何强化防洪及供水安全保障的功能,如何实施水务一体化管理,如何加强政府引导、引入市场推动机制,等等。只有将资源消耗、环境损害、生态效益纳入经济社会发展评价体系,构建适应水生态文明理念要求的制度体系,方能保障北京水安全及水生态文明建设的顺利实施与推进。

水生态文明建设的灵魂——水文化弘扬。中国传统文明的核心是"天人合一",即人类能够自觉把一切经济社会活动都纳入"人与自然和谐相处"的"天人合一"体系中。

水生态文明建设既是一项工程技术建设,也是一项社会文化建设。文明是人类与社会进步的体现。水生态文明是水环境和水生态不断改善的体现,只有社会各界和广大民众共同参与才能取得实效,这就需要加强全民社会伦理、道德与文化建设,使人民群众自觉参与生态文明建设实践,开展全民水生态环境知识宣传、教育与培训,营造和创新水文化氛围,传播和弘扬水文化。水文化建设包括社会和公民科学的自然伦理观的培养,水利史、水利遗产、水利工程、治水与水利历史人物,以及水利风景区、水生态文明城市及生态旅游地的建设与管理等宣传活动。通过生态文明宣传教育,增强全民的节约意识、环保意识、生态意识,形成合理消费的社会风尚,营造爱护生态环境的良好风气。

北京水生态文明建设的核心——水制度保障。水制度是水生态文明建设的保障。保护生态环境必须依靠制度。制度文明是制度建设的结果,主要通过制度建设及其过程加以体现。制度文明建设是一个国家政治、经济、文化建设的重要内容,其进程有赖于社会现有的物质文明和精神文明整体水平的提高。水制度建设包括完善涉水法律法规、技术标准体系、监督监控体系、规划体系、体制机制、能力建设、考核管理等内容。

针对当前水资源过度开发、粗放利用、水污染严重等严峻的水资源问题,国务院出台了《关于实行最严格水资源管理制度的意见》(国发〔2012〕3 号),明确提出水资源的"三条红线"(用水总量、用水效率和水功能区限制纳污),要对水资源进行最严格的管理,同时还要建设"四项制度"(用水总量控制、用水效率控制、水功能区限制纳污和水资源管理责任与考核),以确保对水资源的开发利用进行全过程管理,对水的"质"和"量"进行统一管理。这是水资源制度的重大变革,对水源的开发利用、保护、建设、节约、管理等各方面,以及取水、用水、排水等各环节都做了制度安排。

北京水生态文明建设的核心,就是要严格执行用水总量控制制度,加强项目水资源论证及取水许可审批管理,强化用水需求和用水过程管理,切实做到以水定需、量水而行、因水制宜;严格用水效率控制,依托水市场实行"消耗性水价"

和强化用水定额和用水计划管理,严格限制北京发展高尔夫球场、滑雪场、洗浴足疗中心等高耗水行业,通过产业结构调整,扶持节水型新兴产业,提高北京市的用水效率;通过循环水务等技术手段和管理,抓好污水、再生水、用于管线水的处理回用,深度开发雨洪的资源化利用;通过把资源消耗、环境损害、生态效益纳入经济社会发展评价体系,建立体现生态文明要求的目标体系、考核办法、奖惩机制,形成适应水生态文明理念的制度体系的同时,加大对水资源管理责任的考核,保障水生态文明建设的顺利进行。

本 章 结 语

水是生命之源,是人类生活和生产活动不可或缺的重要物质,水资源是基础性的自然资源和战略性的经济资源;水是文明之魂,是人类物质文明、精神文明、政治文明和生态文明建设的关键要素。与传统世界城市相比,北京水资源禀赋先天条件不足;与新兴世界城市相比,北京水资源的开发利用率过高,使用效率较低,用水结构也有待优化。因此,我们需要从自然环境水生态、经济、社会水生态等方面去思考,寻找真正的突破路径。将生态环境质量纳入基本公共产品范畴,将建设世界城市水生态文明上升到国家战略层面来认识,实现水资源节约、水环境保护、水安全维护、水文化弘扬和水制度保障,构建北京水人然生态,这是北京迈入世界城市的关键。

参 考 文 献

[1] 北京市水务局. 北京水资源公报(2003—2013)[J/OL]. 北京市水务局首页/政务公开/统计信息, 2015-03-31.

[2] 杨胜利. 世界城市与北京市的水务发展指标比较研究[J]. 北京水务,2011,4:2.

[3] 陈进. 水生态文明建设的方法与途径探讨[J]. 中国水利,2013,4:4—6.

[4] 马存利. 水生态文明的法理分析及其制度构建[J]. 河海大学学报:哲学社会科学版,2008,3:60—63.

［5］詹卫华等. 水生态文明建设"五位一体"及路径探讨［J］. 中国水利，2013，9：4—6.

［6］陈兴茹. 城市河流在城市发展中的作用及功能［J］. 中国三峡，2013，2：19—24.

［7］郑大俊. 100 个城市与水［M］. 河海大学出版社，2007.

［8］王科等. 世界城市的蓝脉：北京水环境提升策略［J］. 北京规划建设，2010，6：37—42.

［9］新加坡统计署，http：//www.singstat.gov.sg/.

［10］新加坡公用事业局，http：//www.pub.gov.sg/.

［11］香港特别行政区统计署，http：//www.censtatd.gov.hk.

［12］香港特别行政区水务署，http：//www.wsd.gov.hk.

第二篇

北京水小史:从丰沛到缺水的
奇异性转折

第3章　历史变迁中北京水资源的开发与利用

一、"山水"互动造就北京平原区

自地球的地质纪年以来,从太古代到元古代中期,北京地区一直被海洋覆盖。之后地壳运动,北京所在的华北陆台开始形成,几经沉浮以后,华北陆台大约在中生代初期终于结束了被海洋淹没的历史,完全抬升为陆地。不过当时的地貌跟现在相比还有很大的差距。北京地区地貌的形成与演化主要受地质构造、造山运动和水流等外力的侵蚀及其堆积作用的影响。对于平原区来说,水系变迁运动对其地貌形成的意义尤其重大。

北京地处阴山纬向构造带、祁吕系构造带与新华夏构造带交汇地带,地质构造复杂。中侏罗纪至晚白垩纪的"燕山运动"奠定了北京地区的构造基础。强烈的地壳运动、剧烈的地层褶皱、猛烈的火山爆发,使华北地区的北部、西部大幅抬升隆起。形成了一系列东北—西南走向的山脉,太行山、军都山、燕山、恒山、小五台山等拔地而起,山地之间出现洼陷式的盆地,浑源、阳原、怀来、延庆、燕落(密云)等面积大小不一的盆地散落在群山之间。距今约6 000多万年,沿今日的西山山前的八宝山、海淀至怀柔高丽营一线,地壳又发生了大断裂。北京区域的地貌轮廓基本形成,西部横亘着蜿蜒逶迤的太行山,北部、东北部与之环接的是连绵起伏的军都山。从西南到东北面群山环抱,中部是广阔的平川,东南敞开面向大海,北京地形宛如一个海湾,因此常被形象地称为"北京湾"。

新生代以来,特别是受喜马拉雅运动的影响,北京地区新构造运动极为强烈,在地质构造演化及地貌形态上表现得极为明显。西部、北部山地进一步抬升隆起,山前平川再次沉降,山间盆地拉张下陷形成湖泊。此时期气候湿润,降雨丰沛,这些湖盆积水越来越多,形成一些区域性内陆河流。新构造运动不仅使地面升降,而且形成了一系列断裂带,河流沿断裂带发育成长,遇到山地中的薄弱环节,便冲山而出,形成涛涛大河。永定河、温榆河、潮白河等古河道无不是沿山间断裂带流向中部沉积降平川(见图3-1)。

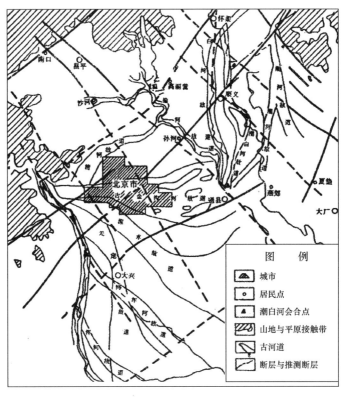

图3-1　北京古河道分布

北京周边山地的岩体经过长时间风化、崩塌、剥蚀、撞击后形成大量砾石和砂粒。河水从中上游山地到下游低洼广阔平川流动,蕴含着丰富的能量,能将这些砾石、泥沙携带搬运下来,从而形成河流冲积洪积扇。北京平原就是由永定河、潮白河、温榆河、拒马河以及沟河等河流的冲积洪积扇联合而成的。

永定河冲积扇属于复合式冲积扇,由于永定河多次迁移,形成多级冲积扇。永定河流经山峡段到三家店后,受八宝山凸起的阻挡,河水曾向东北及正东方向流动,因此在八宝山以北的宽谷中堆积了厚厚的冲积相砂砾石层,越向东粒度越细,其前缘可达东郊一带。当永定河冲积物不断堆积,八宝山凸起的高度相对降低,特别是受永定河断裂活动的影响,致使永定河曾沿现在的大清河南泻达到白洋淀一带,形成新的冲积扇。此后,因地块的活动,沿新、老冲积扇之间在北京的东南郊形成更新的现代冲积扇。潮白河是由潮河、白河、怀河等支流组成的。潮河、白河流经山地后形成广阔的冲积扇,其西缘与永定河冲积扇相连接,后因新构造抬升,河槽下切,将冲积扇切割呈条带状台地,自燕郊以下地势低平,形成新的泛滥平原。温榆河主要由东沙河、关沟、北沙河及南沙河组成,呈树枝状水系,由山前洪积扇缘溢出带提供水源,汇流于沙河镇附近,至发城一带流入清河,最后流经通县入北运河。全新纪时,温榆河故道切割了晚更新世黄土台面,形成浅槽形河床,切割深度一般为4—7米,沉积以砂为主,有时含有泥炭或淤泥。由于温榆河规模较小,形成的冲积扇多与永定河、潮白河冲积扇互相叠置。拒马河冲积扇对北京西南部的平原形成起到重要作用,在中、晚更新世时,扇形地面积较大,后被永定河冲积扇摆移而有所挤缩,根据拒马河冲积扇的形态分析,有向北偏移的现象。泃河流出平谷盆地后,形成规模较大的冲积扇,并与潮白河冲积扇相连接,构成北京平原的重要组成部分(见图3-2)。

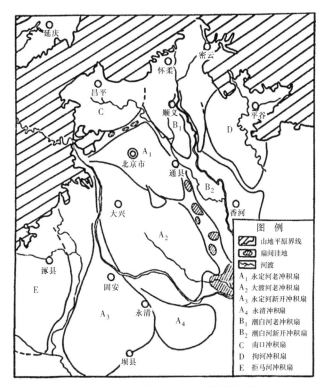

图 3-2　北京平原区各河冲积洪积扇分布

二、建城以来北京河流水系的开发利用

"现在只有以公元前 1045 年作为分封蓟国之始,而蓟正是北京最初见于记载的名称。"①据侯仁之先生的这一认定,北京建城应始于公元前 1045 年所建之蓟国(城)。蓟城坐落于永定河下游流域(今北京城西南部宣武门至和平门一带),战国时期成为燕国都城。依河而建城,是北京历史上人类开发利用河流水系的第一个高峰,拉开了城市用水治水的序幕。

历史上关于大规模河流水运的最早文字记载是"泛舟之役"②。春秋战国时期,河流水运兴起不久便用于军事,而北京的河运史始于北京市五大水系最小的水系——泃河。《郡国军事考》中记述:"周显王十四年即燕文侯七年(公元前 355 年)秋,齐威王兴师数千,自营丘(后称临淄,在山东省淄博市东北),至无棣河(马颊河下游),乘舟百艘,绕渤湾,进沽口,循鲍丘水北上,过津卢,入侵燕地渔阳郡的泉州(宝坻县境)、东潞(三河县境),欲袭燕京(北京)时,文侯闻讯,率师万余人,于燕京乘船顺白河疾下,与齐师会战于泃河口(可能是三河县东南的三岔口)。因盘阴(平谷)、临泃(三河)、潞县(通州)、泉州(宝坻)等邑水路楫运,供应及时,燕军奋勇抗敌,齐师后给无援,残败逃遁。"这说明泃河当时已经开始航运,是有关北京水系航运最早的记载。

魏蜀吴三国鼎立的时代,曹魏的镇北将军刘靖在蓟城附近主持了北京历史地理上的第一个大规模灌溉工程。《三国志·魏志》卷十五《刘馥传》记载:"靖以为'经常大法,莫善于守防,使民夷有别'。遂开拓边守,屯据险要,又修广戾渠陵,大遏水,灌溉蓟南北,三更种稻,边民利之。"另据文献记载,刘靖在这一次的屯田工事中,曾因疏凿渠道,开辟水田,而使灌溉面积达到二千顷。其后十多年,又经过后人进一步的发展,灌溉面积竟增加至"万有余顷"③。这一具体数字

① 侯仁之. 论北京建城之始[J]. 北京社会科学, 1990,3:42—44.
② 北京市政协文史和学习委员会编. 北京水史[M]. 中国水利水电出版社, 2013.
③ 郦道元. 《水经注》(《四部备要》本)卷十四[M]. 商务印书馆, 1935.

虽有待考证,但广大灌溉区的存在却是没有问题的,同时还说明蓟城附近应该有足够的水源。刘靖碑文中记载他还曾开凿戾陵遏——车箱渠灌溉干渠,将穿行蓟城附近把东西相去约有四十公里的两条大河——漯水(永定河)与潞水(白河)连接起来,对后来解决北京水源问题产生了很大影响。

随后的隋唐时期,北京水系的改造和利用在之前基础上多围绕漕运和灌溉展开,修通并全面治理了南北大运河,达到了河流水系发展的鼎盛时期。隋文帝杨坚为统一南北,凿广通渠(连接隋都与黄河),疏邗沟(连通长江与淮河);其子隋炀帝杨广挖通济渠(连接洛阳、黄河与淮河),开永济渠(连接黄河与涿郡),最后拓江南运河(连接长江与余杭),至此以洛阳为中心,北达涿郡(北京南)、南至

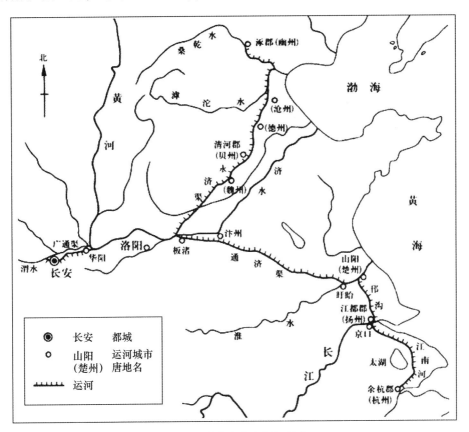

图3-3 隋唐南北大运河分布

资料来源:薛凤旋. 中国城市及其文明的演变[M]. 世界图书北京出版公司, 2010.

余杭(杭州),全长两千多公里的南北大运河全线贯通,成为古代世界最长的运河。唐朝又对大运河进行了全面治理,将运河航道推到全盛时期。南北大运河将北京与当时的长安、洛阳及南方重要城市连接起来,使其战略地位进一步提升,更把南方各地的物产源源不断地运到北京,盘活了南北整个经济大动脉(见图3-3)。

除了漕运,河流水系还是北京平原区农业生产的重要水源。隋唐时期在桑乾河(古永定河)下游引水灌溉、种植水稻的事迹,有见于文献记载。唐高宗永徽年间,"裴行方检校幽州都督,引卢沟水广开稻田数千顷,百姓赖以丰给"[①]。这也表明,在一千多年前,北京平原区气候条件与南方水稻区的差距并不大,相对于今天应该是更温暖湿润一些。北宋时期,为阻滞契丹骑兵南下,海河流域的众多湖泊被连成水网,水网又为水稻种植和土壤改良提供了条件。

三、建都以来北京河流水系的开发利用

10世纪初叶以后,北京逐渐发展成为全国的政治中心。公元938年,辽太宗在这里建立陪都,称为"南京"。公元1151年,金代海陵王完颜亮下诏迁都燕京(北京),并令人对旧城改造,开凿护城河,并在今日中南海位置建了离宫,整治湖泊水系。公元1153年,完成迁都,并将燕京更名为中都,标志着北京建都之始。

金代的离宫围绕莲花池泉水兴建护城河与同乐园,形成以水为宫殿群的皇家园林区,修筑湖堤栽植花木,成为北京城最早的河湖水利工程。金中都对水源的利用和宫城水环境的营建为元大都建设奠定了基础(见图3-4)。

金中都作为金代都城,除建皇家园林外,为漕运粮食,还必须打通漕运之水。《金史·河渠志》记载:"金都燕,东去潞水五十里,故为闸以节高良(梁)河、百莲潭诸水,以通山东、河北之粟……其通漕之水……皆合于信安海壖,溯流而至通州,由通州入闸,十余日后至于京师。"然而莲花水系不足通漕水量,于是又将西

① (宋)王钦若等编修《册府元龟》"牧守部·兴利",中华书局,2004.

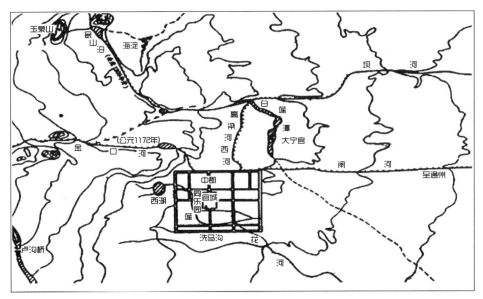

图3-4　金中都宫苑水系与主要灌溉渠道

部玉泉山的泉水引向南方,开掘海淀台地,经中都城北,东接北运河,即为闸河,可是水量仍不能行船,后于1172—1187年又开凿金口河,即从石景山的麻峪村引卢沟河(永定河)经中都城与北运河相通。由于中都所在地区雨水时空分布不均,水势暴涨暴落,水量极不稳定,加上泥沙淤积而废弃。据《金史·河渠志》的记载,"及渠成,以地势高峻,水性浑浊,峻则奔流漩洄,啮岸善崩;浊则泥淖淤塞,积渣成浅,不能胜舟"。

公元1260年,元世祖忽必烈建都北京,取名为"大都",其城池建设更加宏伟。为了解决水源问题尤其是保证水上通漕运的水量,只有勘察更多的水源之地。

元代著名的水利专家郭守敬于1291年为元大都制定了科学的水利规划,引北部昌平白浮水,筑渠西流,汇集西山诸泉之水,入瓮山泊(今昆明湖),转经高粱河入通惠河,与北运河相接通,从此开通了京杭运河,南粮北运直抵大都城内的积水潭,呈现皇粮舟船穿梭停靠的盛景,开创了中国皇城大都繁荣昌盛的运粮景观(见图3-5)。

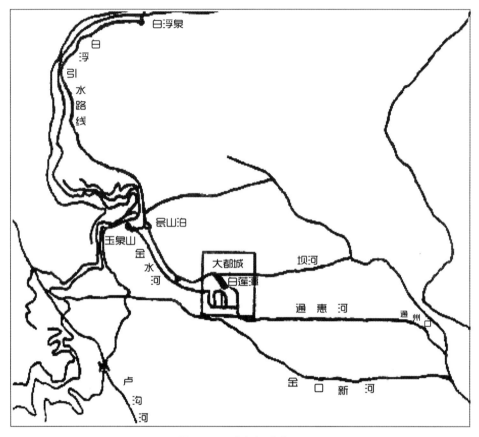

图 3-5　元大都河流水系

　　然而,由于大都兴修水利工程受地形与气候等自然条件以及技术条件的制约,漕运水道有季节性冲毁。白浮引水渠沿山麓修建,每当暴雨来临,水道遭破坏,要有专门机构和人员驻守修护才可行,当漕运北上时,重船逆水上行,为了省水通航,沿途设置大量的闸坝,沿岸尚有纤道牵引漕船。总体来说,元代大都开发水源、行舟艰辛卓绝之功为后人树立了典范。

　　元代除打通漕运水道工程外,尚为大都供水,重开金水河,重开玉泉山水供宫廷区饮用,凿井供民用;利用金口河运西山石木,整修坝河与北运河沟通,使之成为元大都另一条重要的水运通道;还修建了瓮山泊长堤蓄水、调洪,开沟渠以排水,利用东南郊淀泊开辟渔猎场所,将古代水资源综合利用了起来。

　　明朝永乐十五年(公元 1417 年)定都北京,城区南移,利用了金中都的大部分,并向东扩展,形成"品"字形的都城。根据新城墙的位置,新开掘前三门护城河和南护城河水系,并将通惠河的御河段圈进城内,在大通桥北岸开支河,使漕船可达朝阳门、东直门。明代扩挖白莲潭形成了北海、中海、南海三处水域(见图3-6)。

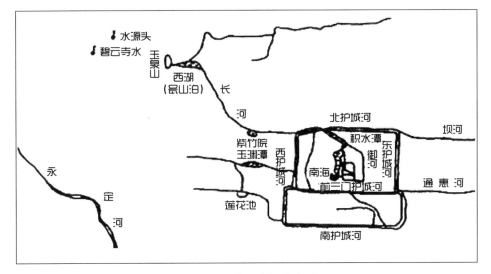

图3-6　明代北京河流水系

明朝漕运仍感水源不足,白浮引水工程已湮废断流,通惠河多次疏浚,因水源不达标而作罢。

清军入关、定都北京后,沿袭明代奠定的河湖水系,城区河道无太大变化。为八旗军驻守清河镇一带运军粮,清康熙四十六年(公元 1707 年)开挖清河,据史料记载"开会清河,起水磨闸,历沙子营,至通州石坝上"。为满足清朝京师和宫苑用水又重整水源,清乾隆十四年(公元 1749 年)开浚瓮山泊(昆明湖)并加筑东堤,由此玉泉山东流之水流满昆明湖。据记载,"浮漕利涉灌田,使涨有受而旱无虞""昔之城河水不盈尺,今则三尺矣",通惠河上游供水丰盈不绝,同时海淀西郊稻田有灌溉水源。

乾隆三十八年(公元 1773 年)集西山泉水,修长十余里的两条石槽,一条从香山樱桃沟引水,另一条从碧云寺引水,汇合于广润庙内方池,再集玉泉山水合流后入香山引河,再注入玉渊潭钓鱼台,向东流沿三里河入西护城河中。

此外,清朝兴盛时期在海淀西北郊修建圆明园,福海为其最大水域,众多湖沿池塘散布,成为瓮山泊(昆明湖)的辅助水库,而瓮山泊湖泊群,又造就了闻名于世的皇家园林山水名胜(见图3-7)。

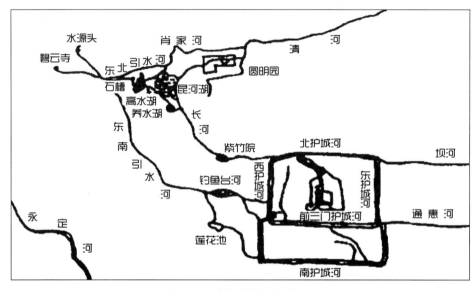

图3-7 清代北京河流水系

在北京建都之前,历代所见的史籍中几乎没有重大河流水患的记载,自辽金开始,北京地区的水患逐渐增多,为北京水资源的开发利用增添了很多难题。水患的兴起与北京建都后大兴土木而开始大规模砍伐河流水系上游的森林有关。金代开始北京第一次大规模砍伐森林,随后是元代、明代和清代,都分别进行过大规模的砍伐。大规模滥伐森林对水系生态环境造成了致命伤害,中上游地区土石裸露,水土流失,造成的水患灾害不断加重。

面对水患,各朝代都对其进行了一定的治理,其中以清代康熙帝对永定河水患的治理规模最大。永定河在冲出北京西山之前,接纳了多条支流并携带了大量泥沙,进入平原以后地势陡降而且下游地势平缓,泥沙冲出山口后纵横荡漾而又极易淤积。洪水与淤积泥沙相伴,成为永定河治理的难点和重点。在调查研究的基础上,康熙帝提出了治理永定河的三大方略:一是"浚河筑堤,速水一流";二是"借水攻沙";三是"借清刷浑"。经过多年主动、系统地治理,清代的水患治理取得了很大成绩,此后的几十年内永定河没有发生大的水患,但其治水战略只触及河道水流,没有涉及其根本——河流水生态的环境问题,河水泥沙没有减少,河道泥沙仍淤积,并成为地上悬河,水患依然会发生。

北京建都后河流水系的发展出现了两种截然不同的情形:一是顺应水,得到的是城市水源、济河漕运、完善的城市河湖水系格局;二是侵害水,得到的是水土流失、河患频发、难以控制的河堵水溢。水,其利也兴焉,其害也巨焉!

四、新中国成立以来北京水资源的治理与利用

中华人民共和国成立后百废待兴,首都水资源的开发利用面临重重困难。受近百年来持续战乱的影响,北京河流水道遭受了严重破坏。1949—1959 年的11 年间,北京地区发生了 8 次大暴雨洪水,遭受着严峻的水患考验。1953 年、1956 年和 1959 年的年降水量都在 1 000 毫米以上(见表 3-1),形成特大洪水,这在历史上都是罕见的。

表 3-1 北京 1949—1959 年降水量   单位:毫米

年份	年降水量	6—9 月(汛期)	1—5、10—12 月(非汛期)
1949	936.2	839.4	96.8
1950	856.6	668.6	188.0
1951	440.2	264.7	175.5
1952	542.4	478.6	63.8
1953	579.9	457.3	122.6
1954	1 005.6	900.3	105.2
1955	933.2	740.4	192.8
1956	1 022.2	884.4	137.8
1957	516.2	442.1	74.1
1958	768.5	677.6	90.9
1959	1 406.0	1 187.0	219.0

为解决水源和水患问题,北京开始整治河道水系,并在永定河、潮白河、泃河、北运河等河流上游建设水库。1950 年,着手疏挖河湖水系,整治龙须沟等 8 条臭水沟。1953 年,城区实行雨污分流,建污水处理厂。1954 年,建立官厅水

库,官厅水库修建后基本上控制了永定河上游的来水,调节水量,阻拦了泥沙,总
库容为22.7亿立方米,正常平水年可为北京提供9亿立方米的水量,1957年为
将水引到北京,在永定河出山口三家店修筑拦河闸,蓄水量达100亿立方米,引
水渠引水能力为60立方米/秒,形成了较为完整的永定河引水系统。1958—
1960年,又兴建了更为宏伟的密云水库,汇集了潮白河河水,总库容为40多亿
立方米,平水年可供城市用水10.5亿立方米,1960—1966年为将水引进北京修
筑京密行水渠,引水能力达70立方米/秒。20世纪70年代末80年代初,兴建了
其他补水渠,形成了官厅水库、密云水库、怀柔水库、白河堡水库分别拦蓄的永定
河水、潮白河水等地表水联合调度的供水网络(见图3-8)。

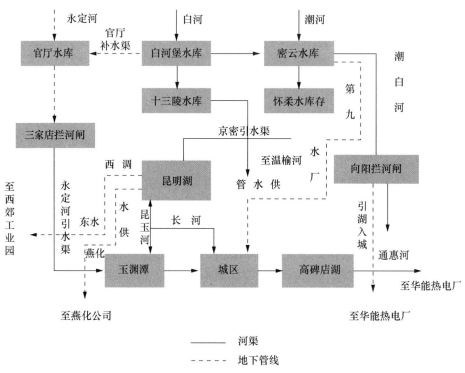

图3-8 北京地表水供水网

为适应北京城市工农业与人民生活用水的需求,自新中国成立以来,除改造
老自来水厂,又兴修自来水三厂、四厂、五厂、六厂和七厂。在20世纪七八十年
代,北京的水资源面临着极为尴尬的局面,市民用水出现危机。由于超量开采使

地下水位逐年下降,浅井干涸、深井出水量减少,加之未经处理的工业、生活污水排放,使得永定河冲积扇上的井不少都因受到污染而报废。70 年代,市区内已形成大面积的漏斗区;到 1981 年夏季,市区降压供水面积高达 212 平方千米,占市区供水面积的 55.5%。尽管北京市投入大量资金,建设了日供水能力为 50 万立方米的第八水厂和日供水能力为 17 万立方米的田村山净水厂,但仍满足不了需求,以至 70 年代末 80 年代初市区内出现了较为严重"水荒"。当时,市区内一半以上的地区降压供水或限时限量供水,竣工的楼房 30% 因没水而无法使用;居住在清河、半壁店、十里堡、龙爪树等地的居民都半夜起来接水。为解决北京用水难的问题,1984 年北京市政府决定建设日供水能力达百万立方米的第九水厂。1986 年 5 月,工程正式动工,总投资约 60 亿元,工程分三期建设,每期设计日供水能力均为 50 万立方米,到 1999 年 6 月三期工程全部完成,日供水能力达 150 万立方米,占北京市区供水能力的"半壁江山"。它的建成通水从根本上缓解了北京缺水的紧张状况,目前已成为亚洲规模最大、设备最先进、水质最优良的现代化大型饮用水水厂之一,在首都的经济建设和城市发展中发挥着重要的作用。

2000 年,北京市自来水供水能力达 247 万立方米/天,年供水量稳定在 8 亿立方米左右,供水范围北起清河镇,南到大红门,西至石景山老山居民区。

2000—2011 年,北京的降水量减少了 19%,水资源总量减少了 43%,入境水量减少了 77%,两库来水减少了 79%,可用水资源急剧减少。密云水库年均来水量为 2.7 亿立方米,比多年平均减少 72%;官厅水库年均来水量为 1.3 亿立方米,比多年平均减少 86%。这 12 年来,平原区地下水平均埋深从 11.9 米下降到 24.9 米,年均每年下降 1.1 米。自 2003 年以来,怀柔、平谷、昌平等应急水源地陆续建成,开采初期地下水埋深在 10 米左右,开采以来年均下降 3—5 米,目前埋深超过 40 米,已接近设计开采值。第八水厂的水源地取水能力从 48 万立方米/天衰减到 18 万立方米/天,衰减了 60%;第三水厂的取水能力衰减了 50%。城市应急水源地开采以来,周边农用机井 50% 以上出水不足,严重影响了当地农民的用水,城乡供水矛盾十分突出。

因此,《北京市"十二五"时期水资源保护及利用规划》明确规定,"十二五"时期北京采取非常规措施,按照用水总量控制、生活用水适当增长、工业用新水零增长、农业用新水负增长、扩大再生水使用的原则,确定用水量。

生活用水适当增长:按照"十一五"时期实际每年增加人口50万—60万,生活人均用水量240升/天(其中居民生活用水量120升/天)的标准,生活用水量每年增加0.6亿立方米。工业用新水零增长:通过产业结构调整,限制发展高耗水、高耗能产业,提高利用效率,实现工业用新水零增长。农用增量用水下降:总量维持12亿立方米,再生水利用量增加到3.5亿立方米。规划到2015年环境总用水量达到5.3亿立方米,再生水利用量增加到4.4亿立方米。

为解决北京地区水资源的供需矛盾,如何调水始终是决策者思考的大问题,引黄河水入京、引滦河水入潮白河等多套方案曾经被列为备选项。然而,要从更大程度上解决北方水资源短缺问题,必须跨流域调水。长江流域径流水量占全国80%以上,耕地却不足40%;黄、淮、海流域径流水量仅占6.5%,耕地却占40%。

自20世纪50年代初以来,中央领导和水利专家呕心沥血,多次勘察,数易其稿,终于有了南水北调工程的三条线路(见图3-9):

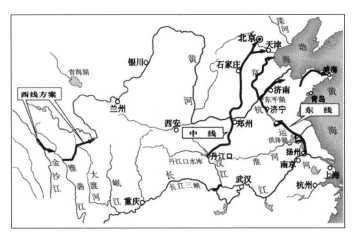

图3-9 南水北调工程三条调水线路

东线工程从长江下游扬州江都抽引长江水,利用京杭大运河及与其平行的河道逐级提水北送,出东平湖后分两路输水:一路向北,在位山附近经隧洞穿过黄河;另一路向东,通过胶东地区输水干线经济南输水到烟台、威海。

中线工程从丹江口水库引水,沿规划线路开挖渠道输水,沿唐白河流域西侧过长江流域与淮河流域的分水岭方城垭口后,经黄淮海平原西部边缘在郑州以西孤柏渡处穿过黄河,继续沿京广铁路西侧北上,基本自流到北京、天津。

　　西线工程是从长江上游通天河联叶河段及其支流雅砻江长须河段、大渡河斜尔尕河段筑坝引水,通过引水隧洞穿越黄河与长江的分水岭巴颜喀拉山进入黄河,供水范围是黄河上中游青海、甘肃、宁夏、内蒙古、陕西、山西六省区的部分地区。

　　北京市处于南水北调中线工程的末端,规划分配水量为 12.4 亿立方米,扣除沿途的蒸发渗漏损失,实际收水总量为 10.5 亿立方米。首都规划委员会 1996 年正式批准了北京段总干渠的路径,并规定为南水北调预留的工程位置,不允许任何工程占用。总干渠在北京房山区北拒马河中支南进入北京境内,经房山至大宁水库,穿永定河和丰台铁路编组站至岳各庄桥,再沿西四环路北上,到终点颐和园内团城湖,全长 80 公里(见图 3-10)。工程共穿越永定河、拒马河、大石

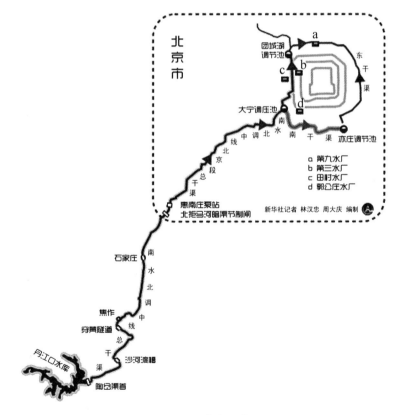

图 3-10　南水进京

资料来源:重庆日报,2014-12-13(1).

河等大小河流共 32 条;穿越京石、西五环、西四环等主要等级公路 12 处;穿越京广线、西长线、丰台铁路编组站等 11 处铁路及五棵松地铁 1 处,还要穿过西甘池、崇青等山丘,必须解决众多世界级的技术难题。北京段上的泵站扬程高、流量大、流量变幅范围宽,在当今世界水利工程中并不多见。

北京段的主体工程于 2007 年年底完工,2008 年 4 月具备接收河北四水库来水的条件。2008 年 9 月 28 日,京石段正式向北京供水。2014 年 12 月 27 日上午 10 时 30 分,随着北京市委副书记、市长王安顺宣布通水成功,团城湖明渠末端闸缓缓开启,历经 15 天千里奔腾的长江水流进南水北调中线工程的终点团城湖明渠,标志着南水北调中线工程全面实现通水目标。南水北调中线工程历经 11 年建设,终于引得全线通水进京,实现了千里江水润泽京津冀豫。

南水北调工程是在流域之间通过调节水量平衡以实现水资源合理配置的重要手段,对解决北京水危机具有重大意义,但是南水北调会改变天然河流的水文结构和特征,可能引起河流水文情势及水质发生变化,对河流生态环境产生负面影响。

本 章 结 语

北京地区坐落在永定河冲积扇这一特殊地貌上,历史上曾经湖泊众多,地表泉水数以百计,在一定程度上满足了城市规划、园林设计、运河漕运、休憩休闲的需要。金元以来,随着北京政治中心地位的确立、城市规模不断扩大,水资源短缺成为困扰历代统治者的一大难题。总结北京历史上历次水危机后不难看出,每当人口膨胀、城市规模扩大后,北京不可避免地受到水资源短缺的限制,而历次水危机的缓解,靠的正是对北京附近水系的调整与改造。那么,今天北京附近的水系还能否为北京提供更多的水资源呢?这是开始下一章前的一个思考。

参 考 文 献

[1] 侯仁之. 论北京建城之始[J]. 北京社会科学, 1990,3;42—44.

[2] 北京市政协文史和学习委员会编. 北京水史[M]. 中国水利水电出版社, 2013.

[3] 郦道元. 《水经注》(《四部备要》本)卷十四[M]. 商务印书馆, 1935.

[4] 薛凤旋. 中国城市及其文明的演变[M]. 世界图书出版公司, 2010.

[5] (宋)王钦若等编修《册府元龟》"牧守部·兴利", 中华书局, 2004.

[6] 重庆日报, 2014-12-13(1).

[7] 李华章. 北京地区第四纪古地理研究[M]. 地质出版社, 1995.

[8] 程郁缀,龙协涛. 学术的风采 北京大学学报创刊五十周年论文选粹 社会科学卷[M]. 北京大学出版社, 2005.

[9] 吴文涛. 北京水利史[M]. 人民出版社, 2013.

[10] 吴季松. 北京历史上的水[N]. 北京日报, 2014-4-28(19).

[11] 刘树芳. 北京城市变迁与水资源开发的关系[J]. 北京社会科学, 2003,2;80—87.

[12] 北京市自来水集团有限责任公司. 北京城市供水简史[J/OL]. 北京市自来水集团有限责任公司主页, 2015-03-31.

[13] 吴文涛. 北京水利史[M]. 人民出版社, 2014.

[14] 李新玲. 北京市南水北调中线一期工程正式通水[N]. 中国青年报, 2014-12-27.

第4章 富饶的贫困：发展形成的水危机

一、从丰沛到缺水的退化

北京曾经是一个水资源极为丰富的地区。它三面环山、一面向海,盈盈一湾间,永定河、潮白河等河流的前端冲出山谷形成了肥沃的冲积扇平原。不用说在青铜时代以前,这里曾水网纵横、湖泊密布;就是在燕王分封、蓟城兴起直至明清这漫长的历史时期内,平地流泉,河网密集,湖泊星罗棋布,其优良的水源和水利条件仍是吸引诸多王朝先后在此封侯建都的决定性因素之一。如今干涸浅涩的永定河在辽金以前曾碧波荡漾,拥有"清泉河"的美名,其主干河道曾从现在北京城的南北穿过。三千多年前,北京的前身蓟城,依托着莲花湖(今莲花池一带)水系自然地发育起来,直到金朝在此建都,整个城市的水源供给都没有离开过这一水脉。

元朝建都北京后,改称元大都,这是北京城市发展历程中的一个转折点。大都是全国性的政治文化中心,其面积和人口都数倍于以前,莲花湖水源已远远不够。因此,元朝兴建大都城,离开了金中都旧址,将城市中心迁到了其东北郊的高梁河水系,这是一次因水源需求而进行的战略性转移。但这也还不够,众多的人口、庞大的官僚机构及奢靡的宫廷生活,导致物资运输量成倍增加,每年要有数以百万石计的粮食及各种物资源源不断地从江南征收运来。而引永定河济漕的美好设想试行多次未果,原因就在于其日益恶化的水文状况。1293年,在郭守敬的设计领导下,另辟水源开凿了通惠河工程:引昌平白浮泉水向西,一路收集西北一带山泉汇入瓮山泊(今昆明湖),再经南长河、高梁河入"海子"(今积水潭—什刹海一带);从万宁桥下向东南,再顺皇城东墙南下,与旧金的闸河与潞河相接。

　　1293 年郭守敬的"白浮引水"可以说是北京历史上最成功的引水工程,这项工程的创新之处在于解决了"水往低处流,船往高处走"的情况。当漕船沿着京杭运河北上到通州时,遇到了难题:进入大都城的水路是逆流而上。郭守敬遵循水流的规律,采用在河道上建闸的办法,从通州到大都城修建了 24 座水闸,成功地解决了漕粮船逆流而上的难题。白浮引水、修建闸河是北京水利史上的创举,至今北京仍享用着当年引水的成果。

　　在北京被定为都城之后,漕运作为水的一项新功能被开发出来,运河成为北京城的经济命脉,民间所谓"漂来的北京城"说的就是这个含义。为使漕运增加运力,北京地区的可用之水几乎被"一网打尽",涓涓细流齐聚运河。水系格局由此发生变化,用水思维和治河理念也随之改变。

　　水与北京城的历史,典型地反映了水环境变迁与社会变迁之间的互动关系。一方面,北京城市的形成与发展需要不断开发水利以满足其不断扩大的需求。中期城址由莲花池水系向高梁河水系转移,以及此后解决了城市漕运、农业灌溉、生活用水及排水、园林美化及城市防洪等问题,实现了对永定河、高梁河、潮白河、瓮山泊、什刹海、大明濠、护城河等河湖水系的各种整理和改造。另一方面,历代持续不断的水利开发和城市建设,不断改变着城市水源状况和自然的水环境。由于城市规模的突破性发展和人口数量的剧增,以及周边地区农业的深度开发,北京地区的许多自然水体以及水环境面貌从明清以后开始发生改变,水资源的供求关系由原来的相对平衡逐渐转向失衡。水利工程重在解决缺水问题,其被人们更加关注和依赖,成为京城施政的重中之重。康熙曾将"河务、漕运与(削)三藩"列为朝政的头等大事,"书而悬之宫中柱上",夙夜不忘。其中两件都与水有关:"河务"主要针对的是越来越严重的水患,如康熙时开始全面治理永定河,首次建筑百里大堤,使永定河的河道大致趋于固定;"漕运"主要是解决运河运力与京城庞大的粮食需求之间的差额问题。但最终都归结到一点,即水源匮乏的问题开始凸显,逐步对北京城市的形态布局、社会生活及发展方向等产生深远影响。

　　进入近现代,尤其是中华人民共和国成立以来,随着城市扩张、工业发展和人口膨胀,丰富的地表水系迅速断流、干涸,甚至地下水也超采严重,缺水局面渐渐逼近。北京市在 1956—2000 年的多年平均水资源总量是 37.4 亿立方米。自1999 年以来,北京进入连续枯水期,地表水、地下水、入境水等都大幅衰减。据统计,2001—2012 年,北京用水总量达 35.4 亿立方米,供需缺口约为 11.94 亿立方米。随着城市人口快速增加,北京枯水年人均水资源量减少到甚至不足 100 立方米,成为全国人均水资源最少的地区,甚至不如以干旱著称的中东、北非等地区。可以说,北京是世界上最缺水的城市之一。另据统计,20 世纪 80 年代以来,北京这座城市所依托的流域中,21 条主要河流全部断流。可以说,北京已进入一个水超危机时代。

二、北京近年来的"城富水贫"现象

(一) 北京经济社会发展取得巨大成就

1. 综合经济实力明显提升,可持续发展能力增强

经济总量迈上新台阶。全市地区生产总值在 2008 年突破 1 万亿元,2012 年达到 1.78 万亿元。在国际经济环境复杂严峻和国内经济增长格局调整的背景下,全市经济实现平稳增长,5 年年均增长 9.1%。分产业看,第一产业年均增长 1.6%;第二产业年均增长 7.7%,其中工业年均增长 7.6%;第三产业年均增长 9.7%。全市人均地区生产总值在 2010 年超过 1 万美元,2012 年达到 1.38 万美元。

地方财力持续增强。2009 年,全市地方公共财政预算收入超过 2 000 亿元,2011 年突破 3 000 亿元,2012 年达到 3 314.9 亿元,相当于 2007 年的 2.2 倍。5 年来,全市地方公共财政预算收入累计达 12 539.3 亿元,是上个 5 年的 2.6 倍。

2. 发展成果惠及百姓,民生逐步改善

城乡居民收入稳步增加,就业形势保持稳定。2012 年,全市城镇居民人均可支配收入为 36 469 元,农村居民人均纯收入为 16 476 元。扣除价格因素,5 年城乡居民收入年均实际增速分别为 7.5% 和 8.7%。2009 年以来,农村居民人均纯收入实际增速连续 4 年高于城镇居民人均可支配收入。2011 年年末,全市从业人员达到 1 069.7 万人,比 2007 年年末增加 127 万人,年均增长 3.2%。5 年间,城镇登记失业率稳中有降,从 2007 年的 1.84% 下降到 2012 年的 1.27%。

社会保障水平不断提高。2012 年年末,全市参加基本养老、基本医疗、失

业、工伤保险的人数分别为1 206.4万人、1 279.7万人、1 006.7万人和897.2万人，分别是2007年的1.8倍、1.6倍、1.9倍和1.5倍。参加城乡居民养老保险的农村居民达到167万人，比2007年增加117.9万人。新型农村合作医疗参合率为98.1%，比2007年提高9.2个百分点。全市职工最低工资标准为1 260元/月，比2007年提高530元/月；城市居民最低生活保障标准为520元/月，比2007年提高190元/月。

公共服务逐步改善。2007—2012年，全市地方公共财政预算支出中，教育、医疗卫生、文化体育与传媒支出分别达到2 281亿元、979.6亿元和442.9亿元，年均增速分别为19%、16.5%和21.3%。幼儿园专任教师从2007年的1.7万人增至2012年的2.6万人；各类卫生机构从2007年的9 023家增至2012年的9 964家；执业(助理)医师从2007年的5.5万人增至2012年的7.4万人，注册护士从2007年的5.1万人增至2012年的8万人。公共图书馆图书总藏数2012年达到5 100万册，是2007年的2.3倍。

公用事业较快发展。2007—2012年，全市完成基础设施投资7 215.6亿元，相当于上个5年的2倍。2012年年末，全市公路道路总里程达到28 596千米，比2007年增加2 831千米。其中，高速公路923千米，增加295千米；快速路263千米，增加27千米。轨道交通运营长度达到442千米，比2007年增加300千米。公共电汽车运营线路长度达到19 547千米，比2007年增加2 194千米。公交出行比例为44%，成为全国公交出行比例最高的城市。全市燃气家庭用户达到700万户，比2007年增加143.6万户；10万平方米以上集中供热面积5.1亿平方米，比2007年增加1.4亿平方米。互联网普及率由2007年的46.6%提高到2012年的72.2%，居全国第1位；网站数由27万个增加到38万个；互联网上网人数由737万人增加到1 458万人。

3. 科技创新能力逐步增强，科技驱动效果显现

科研投入较快增长。2012年，全市科学技术财政支出达到199.3亿元，是2007年的2.2倍，年均增长17.1%。研究与试验发展经费内部支出为1 031.1亿元，是2007年的2倍，年均增长14.4%，相当于地区生产总值的5.79%，比2007年提高0.44个百分点。研究与试验发展活动人员达到31.8万人。

科技成果丰硕。全市发明专利申请量由2007年的18 763件增加到2012年的52 720件，年均增长23%；2012年，发明专利授权量占全部专利授权量的比重为 39.9%,比 2007 年提高 7.6 个百分点。2007—2012 年,全市技术合同累计成交额达到 8 191.7 亿元,是上个 5 年的 3.1 倍。其中,流向外省市和技术出口的交易额占比保持在 70% 以上。

产业支撑作用不断提升。科学技术与现代产业高度融合,支撑着信息网络、高技术等技术及知识密集型产业快速发展。2012 年,全市信息产业、高技术产业增加值分别达到 2 569.4 亿元和 1 139.2 亿元,分别为 2007 年的 1.5 倍和 1.6 倍。2007—2012 年,北京地区高新技术产品累计出口 930 亿美元,是上个 5 年的 1.8 倍。

4. 对外开放水平提高,城市吸引力和影响力增强

进出口规模位居前列。受金融危机的影响,全市进出口总值在 2009 年出现了近 10 年来的首次下降。此后缓慢回升,基本实现了"位次不降低,份额不减少"。2012 年,北京地区进出口总值达到 4 079.2 亿美元,是 2007 年的 2.1 倍,年均增长 16.1%,占全国的比重超过一成,位居全国前列。服务贸易总额占全国的比重超过两成,居第 2 位。

外资、跨国总部和国际会议汇聚。2007—2012 年,全市实际利用外资 336.5 亿美元,是上个 5 年的 1.8 倍。北京共吸引了 127 家跨国公司地区总部。根据国际大会与会议协会(ICCA)发布的数据,2011 年北京接待国际会议 111 个,创历史新高,达到国际会都标准(全年接待国际会议超过 100 个),接待国际会议数量在全球城市中排第 10 位,位居全国之首。2007—2012 年,全市共吸引入境游客 2 302.9 万人次,是上个 5 年的 1.4 倍。旅游外汇收入达到 244.3 亿美元,是上个 5 年的 1.4 倍。

5. GDP 增速与产业结构调整并举,在国内处于领先水平

作为中国的首都,北京市在经济社会发展上取得了巨大的成就,据《北京市 2014 年国民经济和社会发展统计公报》,经初步核算,全年实现地区生产总值 21 330.8 亿元,比上年增长 7.3%。其中,第一产业增加值为 159 亿元,下降 0.1%;第二产业增加值为 4 545.5 亿元,增长 6.9%;第三产业增加值为 16 626.3 亿元,增长 7.5%(见图 4-1)。

2014 年,按常住人口计算,全市人均地区生产总值达到 99 995 元(按年平均汇率折合 16 278 美元)。三次产业结构由上年的 0.8∶21.7∶77.5 调整为 0.7∶21.4∶77.9,在国内居于领先水平。

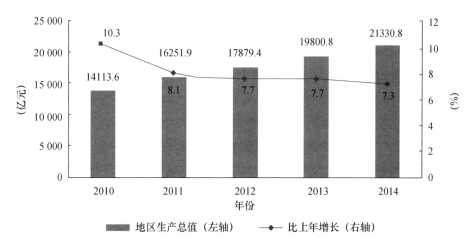

图 4-1 2010—2014 年地区生产总值及增长速度

资料来源:《北京市 2014 年国民经济和社会发展统计公报》。

(二) 北京水资源开发利用陷入相当困难的境地

北京目前是一个主要以地下水资源为城市主要供水水源的大城市。据近年《北京市水资源公报》显示,全市水资源量多年平均为 21 亿立方米,地表水资源量多年平均近 6.5 亿立方米,地下水资源量多年平均近 17 亿立方米。

全市无大江大河穿越其间或毗邻,地表水主要来自海河流域的五大河流(蓟运河、潮白河、北运河、永定河和大清河),以及人工修建的水库(怀柔水库、密云水库、官厅水库等),全市入境水量多年平均为 21.08 亿立方米(见表 4-1),年均地表水资源量占总水资源量的 30%。

表 4-1 官厅水库和密云水库总蓄水数据

年份	两大水库年末总蓄水 (亿立方米)	当年来水量 (立方米)
2002	12.60	1.73
2003	9.34	3.78
2004	10.75	6.06
2005	11.95	6.00
2006	12.29	4.69
2007	11.95	4.69

年份	两大水库年末总蓄水 （亿立方米）	当年来水量 （立方米）
2008	—	—
2009	11.58	1.99
2010	12.36	5.22
2011	12.45	4.56
2012	12.23	3.26

资料来源：历年《北京市水资源公报》。

北京的地下水主要赋存在平原区第四系砂砾卵石层和山区及平原隐伏碳酸盐岩地层中。1999—2011年，北京遭遇连续干旱，为保障供水，从1999年起北京年均超采地下水5亿立方米，并从河北调水3亿立方米。目前，已超采50亿—60亿立方米的地下水（见表4-2）。

表4-2 北京市地下水资源量及开采率

年份	地下水资源量（亿立方米）	地下水超采（亿立方米）	开采率（%）
2001	15.70	11.50	173.2
2002	14.70	9.50	164.6
2003	14.79	10.63	171.9
2004	16.54	10.26	162.0
2005	18.46	6.44	134.9
2006	15.40	10.94	171.0
2007	16.21	7.97	149.2
2008	21.40	1.50	107.0
2009	15.08	6.72	144.6
2010	15.86	5.34	133.7
2011	17.63	3.26	118.5
2012	21.55	-1.15	94.7
平均	16.94	5.00	134.9

资料来源：历年《北京市水资源公报》。

连年的超采造成地下水位迅速下降，截至2014年1月底，北京市平原区地下水平均埋深24.5米，与2013年同期相比，地下水位下降了0.3米，地下水储

量减少了 1.5 亿立方米;与超采前的 1998 年同期相比,地下水位下降了 12.83
米,地下水储量减少了 65 亿立方米。

此外,北京地下已经形成面积约 1 000 平方千米的地下水降落漏斗区。漏斗
中心位于朝阳区的黄港、长店至顺义的米各庄一带。

怀柔、平谷、昌平等地的应急水源地自 2003 年建成以来,从开采初期的地下
水埋深 10 米,下降到目前的 40 多米,取水能力衰减一半以上。

(三) 人均消费水平逐年增长与人均水资源量常年短缺的对比

北京经济社会的高速发展取得了举世瞩目的巨大成就,然而在这背后,是水
资源的极度贫困,两相比较出现了巨大的反差。2001—2012 年,北京的人均消
费水平从年均 9 057 元增长到 30 350 元,增长了近 2 倍,而水资源的人均占有量
大致在 100—200 立方米(见图 4-2)。联合国标定,人均 1 700 立方米/年为贫水
国标准。中国的人均值低于 210 立方米/年,只及世界人均值的 28%,北京若按
照人均水资源量 150 立方米/年算,不到联合国贫水线的 1/10、全国的 1/14,这
不得不让我们思考"城富"下"水贫"的根源。

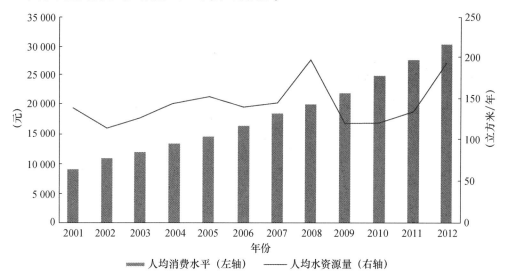

图 4-2　北京 2001—2012 年人均消费水平与人均水资源量对比

资料来源:历年《北京市国民经济和社会发展统计公报》和《北京水资源公报》。

三、城市发展引致水资源配置合理性扭曲

北京作为国际大都市,具有极强的人口吸附效应,拥有数量巨大的实际常住人口,远超自身的资源、环境承载力,而随着城镇化过程的不断提高,环境耗水量也不断飙升,同时水质恶化,进一步加大了水资源的供需落差。

(一) 人口过快增长超越北京水资源承载力

2013 年年底,北京市实际常住人口已达 2 114.8 万人,比上年年末增加 45.5 万人,是 1979 年北京人口的 2.36 倍。北京市的资源、环境承载力有限,但现在北京市的常住人口已经超过 2 000 万,瞬间人口①已经达到 2 100 万。在这样的人口与环境承受力的扭曲关系下,不出现城市病是不可能的。之所以出现大城市经济增长快但居住舒适度降低的现象,原因是多方面的:这其中既有城市发展战略、产业布局的问题,也有基础设施不均衡与过分追求 GDP 的问题。

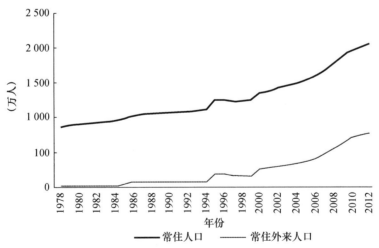

图 4-3 北京市常住人口和常住外来人口的变化

资料来源:国家统计局。

---

① 指对某地进行突击性普查所统计出来的流动人口。

（二）城镇化导致环境蓄水量的降低和耗水量的飙升

据北京市统计局、国家统计局北京调查总队发布的《首都城镇化发展分析报告》显示,2012 年北京城镇化率已达 86.2%,与高收入国家的城镇化水平接近,产业结构也与高收入国家基本一致。目前,北京的城镇化水平仅比上海低 3.6 个百分点,居全国第 2 位。

在城市化建设中,更多的地下空间留给了城市高楼的地基深筑、地下交通的兴建以及电力电信的布线,对原来的地下雨水处理和排水系统进行了挤压,雨水不能很好地收集,损失了较大部分的水资源补给。

城市化的进程中,生态园林和绿化的覆盖率越来越广,所需要的环境耗水量越来越多,中水浇灌和水循环利用滞后,造成"抢水"现象。

（三）多因素导致的水污染客观上降低了水资源的可使用量

根据北京水务局公布的数据,2011 年北京市共监测地表水五大水系有水河流 84 条(段),总长达 2 018.6 千米,其中 Ⅱ 类、Ⅲ 类水质河长占监测总长度的 55.1%;Ⅳ 类、Ⅴ 类水质河段占监测总长度的 1.3%;劣 Ⅴ 类水质河长占监测总长度的 43.6%。

据媒体报道,北京石景山区有 75 处污水口,工业废水直排河道。北京市水务局的一项数据显示,清河污水处理厂日处理能力为 45 万吨,而 2010 年高峰期污水来水量为每日 50 万—70 万吨。

导致北京市水污染的原因是多方面的,天然水资源较少,且城镇化、城市化进程使得人口高度集中,水资源承载力下降,生活污水和工业污水排放增多,加大了地表水的污染负荷。同时,污水处理不当,污水处理系统和相应的设备不完善,污水处理速度远跟不上污水排放速度。

（四）需求管理制度缺失是造成北京水危机的深层次原因

北京对水资源的需求管理远远落后于需求的发展。典型的制度缺失是水权和水价制度不能反映水资源的稀缺程度,加重了水资源供给相对短缺带来的矛盾。多年来,我国城市解决水资源短缺问题总是从工程思维着手,求助于补水和调水技术,但大部分城市的水资源紧缺以及部分城市的"水荒"问题一直未能有效解决。目前存在的现实问题主要有:

第一,水权交易市场无序。北京水市场不是一个一次性拍卖的竞争性市场,也不是垄断性市场,而是某种公共品在稀缺条件下,赋予承运商加工和运输费用收取权力的准分配市场。该市场安排存在无序性,职能部门水资源的需求管理远远落后于需求的发展,这种制度缺失致使水资源存在着严重的短缺现象,典型问题是水权和水价制度不能反映水资源的稀缺程度,加剧了水资源供给相对短缺带来的长期矛盾。从实证与规范经济学、水资源价值认识的政治经济学角度出发,存在水权、水价等市场制度和矫正增长方式、规范水市场行为的帕累托改进空间。

第二,水权归属界定模糊。地下水权制度安排的交易成本过高,在执行中严重依赖历史沿袭和沿岸区位等积淀因素,导致水权缺乏细节设计。水权归属缺失必然导致基础水市场的无序。北京城市水市场在水权归属、取水加工、多头用水等制度设施和供需机理方面反映出其兼具自然垄断和拍卖交易市场的双重性质,水价核定监管部门存在信息鸿沟和利益调整单元的矛盾。水资源的二次分配涉及工业用水、居民用水、农业用水需求,涉及城市公司用户、农村用户等多方交易主体,利益冲突导致水价体系交换和监管的成本太高,致使水价体系粗糙,存在水权规范的帕累托改进空间。

第三,水价体系粗糙,特殊用水价格不合理现象突出。特殊行业用水需求方由于其用水量巨大,可称为"奢侈水消费行业",这类行业在水资源利用和消费方式上存在过度使用和浪费的现象,与北京市水资源匮乏这一事实极为不符。据粗略估算,北京市每年洗车用水量约为3 000万吨,达到多年平均生活用水的2.1%。而高尔夫球场的耗水量更令人触目惊心,据业内一份调研报告披露,2010年北京高尔夫球场的总耗水量将近4 000万立方米,占年均生活用水量的2.85%。目前,北京市各区县分布着60多家高尔夫球场。此外,北京洗浴中心的数量急剧增加,约3 000家的洗浴中心年耗水量将近5 000万吨。北京人造滑雪场的用水量是每年100万立方米。如果把这四类奢侈水消费行业的年耗水量相加,总量可达近1亿立方米,而北京市多年平均水资源仅为23.56亿立方米。

特殊行业用水的统计数据可以反映这样一个事实:北京市特殊行业用水占用了相当大的一部分水资源,加重了北京水资源的缺乏。相关部门一贯的做法是给这类行业制定相当高的水价,并限制用水量。高水价对于限制特殊行业用水有一定的作用,但是根据成本价格转移理论,水价的提高使得企业成本提高,企业将一部分成本通过涨价转移给消费者,企业并未有盈利方面的损失,高水价对企业的约束效果并不明显。况且,这些特殊行业,如高尔夫球场,其消费者有一定的社会地位和经济基础,他们对奢侈消费的价格需求弹性小,年消费几十万元或上百万元,企业很轻松地就能得到成本增加的补偿。

第四,过分依赖政府宏观调水分配和工程技术手段,缺乏市场调节手段。南水北调中线工程建成后,主要用以改善京、津、冀、豫四省市沿线 20 个大中城市的用水。用水指标遵循的分配原则是:为了改善城市环境,促进经济发展要求,生活用水、工业用水和综合服务业用水的分配比例分别为 40%、38% 和 22%;各个城市的人口数量差异很大,生活、工业和综合服务业的用水情况不同,从而相同的配水量所产生的经济效益也不同;保障人民生活用水;保持经济发展,适当照顾各城市经济发展的均衡。按照这一分配原则,结合北京的现实情况,每年有 10 亿—13 亿立方米的水资源进京,这些水首先应该保证居民的生活用水,其次是工农业用水和综合服务业用水。

北京的水资源存在短缺现象,但解决的思路却是由政府决策、管理部门定价来进行水的调用和分配。此外,工程技术手段、补水和调水等工程支出成为解决水资源短缺的主要部分,这反映了决策研究的思路是水供给宏观管理。而事实上,水环境生态文明链的实践与对策研究在经济学意义上首先是供给与需求的市场均衡。进行上述问题的帕累托改进,核心是环境价值论下水资源价值的再定位。

本 章 结 语

北京作为世界级大都市,已经取得了经济社会发展的巨大成就,但富饶的经济社会成就之下,是水资源的极度匮乏与贫困。从总量来看,北京的水资源有着巨大的供需缺口;从增量落差来看,由于人口激增和城镇化在加大对水资源"量"需求的同时,也造成了工业废水和生活污水排放量增加、环境污染,即水资源"质"的恶化,这在某种意义上减缩了水资源的总供给量,形成了水资源配置的供需扭曲。与此同时,对水资源的需求管理也远远落后于需求的发展。典型的制度缺失是水权和水价制度不反映水资源的稀缺程度,加重了水资源供给相对短缺带来的矛盾。多年来,我国城市解决水资源短缺问题总是从工程思维着手,求助于补水和调水技术,但不能有效解决水危机问题。这是水资源配置的制度性扭曲。水资源配置的供需扭曲与制度性扭曲交织在一起,造成水资源配置的巨大问题,北京竞争力的成长遭遇了水环境动态失衡的瓶颈。

参 考 文 献

[1] 北京市水务局. 北京水资源公报(2003—2013)[J/OL]. 北京市水务局首页/政务公开/统计信息, 2015-3-31.

[2] 北京市统计局. 北京统计年鉴2014[M]. 中国统计出版社, 2014.

[3] 刑飞等. "南水北调"水的分配方案[J]. 东北水利水电, 2007,2.

第三篇

北京水构造：大周边地区水循环逻辑解析

第5章 区域自然—人然水循环
及其供需构造说

一、区域自然水循环与人然水循环

在从乡村发展成为城市的过程中,区域水循环随人然活动程度的加深而发生显著变化(见图5-1)。在城市化前期,区域内人口规模较小,生活用水较少,生产用水主要是农业灌溉,人然活动带来的失衡因子对水循环动态均衡没有造成颠覆性的后果,区域水循环以自然特征为主。在城市化后期,区域内人口高度集中,产业集聚发展,建筑面积迅速扩大,蓄水工程大量兴建,人然活动用水资源量猛增,局部地区甚至超过当地自然水循环的供给阈值,造成水生态动态失衡。都会城市区是城市化完善时期的高级空间组织形式,其水循环具有显著的人然特征。

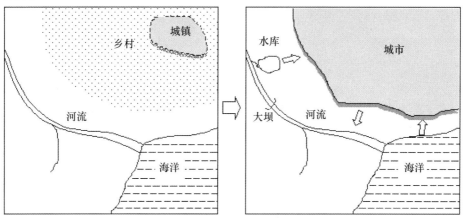

图 5-1 城市形成过程中区域水循环变化

依据水文学的"二元水循环"理论,可以描述都会城市区水生态系统中的自然水循环和人然水循环。

自然界中各种形态的水在太阳辐射、地心引力等作用下,通过蒸发、蒸腾、水汽扩散与输送、降水凝水、下渗以及径流等不断循环,其动力主要源于太阳辐射和地心引力。水具有较大的比热容和强的溶解等理化特性,不仅能够传输和储存大量能量,而且能携带和转移各种营养元素和有害物质,对生命体和自然界产生不可估量的影响。在自然水循环中,大气降水后,一部分通过蒸发、蒸腾变回水汽外,余者形成地表径流和地下径流。在一定区域内,入境水连同降水蒸发后形成的地表水、地下水中可以被人类开发利用的部分被称为水资源,一旦被开发则纳入经济社会。

进入社会的水资源供人类生产、生活使用,然后以废弃水的形式返回到地表或地下的过程是人然水循环。通过人然水循环获取、利用水资源,废弃物排放等过程,与自然水循环进行一定数量的水交换。水源获取的途径,除了对本区域内地表水蓄积和地下水开采外,调水、淡化水和虚拟水也常成为区域内人然水循环的来源。

都会城市区的自然水循环和人然水循环共同组成都会城市区水循环生态系统。自然水循环是基础和前提,人然水循环是人类生产生活的具体应用。根据图5-2,自然水循环在自然力的作用下运行,人然水循环从自然水资源系统采水后,供生产、生活使用,继而排放废弃水或处理水。从水分流动的过程看,人然水

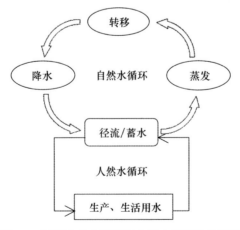

图5-2　区域自然水循环与人然水循环良性互动

循环的水流可以看作自然水循环派生的"支流",前者依赖后者而存在,两者运动合一。为保证都会城市自然与人然水循环的良性互动,水资源的开发利用要与其更新速度相匹配,否则易造成水生态破坏、供需失衡等问题。

二、区域自然—人然水循环的供需构造说

在"海—陆—空"三位一体的自然环境中,区域水循环只不过是更大范围水资源动态均衡的一个节点。其生成有自己的特色,但更遵循水循环过程的一般机理:成水过程、蓄水过程与用水过程三者统一形成动态均衡。相应地,出现了三种我们更为关注的过程类构造:成水构造、蓄水构造与用水构造,三者共同形成具有经济学意义的水循环"供需构造",其均衡与否影响区域水生态系统状态。

（一）成水过程与成水构造

在思辨的意义上,大量事实归纳后可知成水过程有两个典型形式:一是降水过程;二是凝水过程。前者的典型观察形式是雨水,后者的典型观察形式是大江大河的地理源头。

降水过程:雨云是由蒸腾作用形成的水汽凝结而成的。当某区域存在暖湿温差时,便会产生对流运动。暖湿气流从地面或洋面升起,因周边大气的绝热作用达到过饱和而凝结成云。在下降气流控制的地方,空气绝热增温,形成一朵朵顶部凸出、底部平坦像馒头一样的淡积云,若对流继续发展,由于上升气流的中部比周围强,于是便形成浓积云和更加庞大的积雨云。随着空气中水汽的不断补充,过饱和的水汽继续不断地在云滴上凝结,使云滴继续增大,当增大到一定程度时,由于重力作用,云滴开始下落,在下落过程中,大的云滴下降速度快,小的云滴下降速度慢,因此大的云滴会赶上小的云滴,合并成更大的云滴,如此下去,云滴就像滚雪球一样越聚越大,最终落向地面,成为雨滴。简单地说,降水过程是因为暖湿气流与周边冷空气环境的相对运动形成一个个微观冷暖界面,压

缩暖湿气团内的汽化水分在界面上冷凝成水滴,出现降雨。

观察到的降雨在海洋上空回落到海洋,在陆地一部分回落到山涧,一部分回落到田野,正是这一部分回落成为江河湖泊下游部分的季节性源头。

凝水过程:如果说降水过程是因为大气中两类不同的气流(暖湿气流与周边冷空气环境)的相对运动形成一个个微观温差界面使气团中的水分子冷凝而成水的话,则凝水过程是海洋蒸腾形成的暖湿气流在地表上空的循环流经山群时,与各种山峰的切面形成微观温差界面而使暖湿空气冷凝成水。

比如,云南丽江处在青藏高原的东南边缘,属横断山脉的皱褶带,当印度洋因蒸腾作用而升起的暖湿气流由西向东抵达南北横亘的巨型隆起一面——丽江玉龙雪山的群峰时,雪山群峰表面和自西向东的暖湿气流形成一个个冷暖界面,凝水过程就此形成。从这个意义上理解,横亘在印度洋、印度次大陆和亚洲大陆之间的横断山脉是一个巨型天然凝水器,它的意义在于:第一,与降水过程相比,其凝水过程相对稳定,能够为大江大河提供相对稳定的水源。当季节性降雨处在旱季时,大江大河不至于因降雨减少而在源头断流。世界上的水源奇观——三江并流(澜沧江、怒江、金沙江),以及我国的两大河流(长江、黄河),都是这一巨型凝水器的作用产物。没有青藏高原,位于亚洲东部的中国很可能季节性降雨增加,但是大江大河水源将会减少。第二,该凝水过程的相对效率比较高。由于大气环境的绝热效应,印度洋暖湿空气长距离运动仍能保持相对较高的温度,当和世界上少有的高山群峰表面接触时,单位时间的凝水要比相同环境下较低山峰的凝水多得多。这就是我国发源于青藏高原的大河虽然有季节性干涸,但仍然比发源于较低山脉的水位高得多的原因。

根据上述降水过程和凝水过程可以归纳出:成水构造是指在给定条件下,太阳和关联热源照(辐)射海洋和陆地等水富集区块形成水分子,加入大气循环形成运动,经过各种冷热界面凝结成较大水分子团,以水滴汇聚或者落降等形式汇聚为溪流、江河、湖泊和海洋等的过程构造。此概念似乎与水文气象学中的降水概念一致,但成水构造本身是一个结构抽象,符合工程学理论;它又有经济学含义,因为成水构造是一个水资源的生成过程,具有水供给的含义。

(二) 蓄水过程与蓄水构造

降水过程和凝水过程成水必须要有蓄水过程相匹配,才能有自然界的江河湖海奇观,形成人类社会赖以生存和延续的最重要自然资源。没有蓄水构造,地球表面将可能是一个没有生机的荒漠。

蓄水过程很多,相应地,蓄水构造也各式各样。我们这样来定义蓄水过程:当自然界成水过程形成的流量水源被地理意义上的某个过程收集起来并能在一个时间段内达到输入和输出的平衡,则该过程被称为蓄水过程。相应的地理构造称为蓄水构造,可以定义为水资源经过成水构造生成后,以云层、落入地表及渗入地下等自然或人然的方式汇聚成一定存量的储蓄资源的过程构造。例如,大气中的富水云团、长江水系中的湖泊、一定地质构造形成的地下水湖、住宅社区中的水塔等都是蓄水构造。蓄水构造在水循环过程中发挥资源池和调节功能,其本质是一个结构概念,不仅包容云团、河流、湖泊、涌泉、水库坑塘等蓄水形式,土壤水、潜水、承压水和基岩水等也被容纳其中。经济学家可以将蓄水构造理解为供需过程的特定库存变量,类似于经济学预测中的先行指数,方便决策层了解水动态过程中不同期间的变化趋势。它主要有以下几种典型形式:

1. 湖泊与湿地

长江与其下游的太湖形成一个巨型的动态蓄水过程(见图5-3)。当长江水由于雨季降水而上涨时,太湖的水位上升;当旱季降水减少时,太湖水位下降。两者的互动过程减少了各自水位的波动幅度,而稳定的水位恰好是人类生存与经济活动可持续的重要前提。

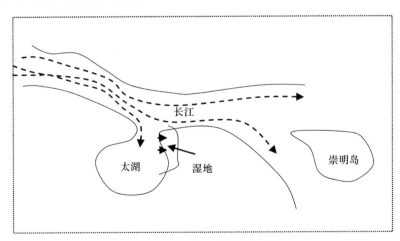

图5-3　湖泊与湿地蓄水构造

由于植物的蒸腾作用,湿地在蓄水方面没有湖泊节约,蒸发面积大,湿地的蒸发作用通常是湖泊的几倍。但是,湖泊和湿地的结合,就像一个过滤器一样,很多污染成分在流入湖泊或者由湖泊经湿地返回地下时,被植物和土层降解或过滤。

2. 地下水层

地下蓄水过程是平原地区承接雨水和江河湖泊水源从而在地表以下形成溶洞或层岩式蓄水的过程。其动态均衡体现为当蓄水平面超过该构造的可能高度时,来自地上或地下的入水可能溢出或者通过地下通道流入其他蓄水构造。和地下蓄水过程相对应的构造称为蓄水构造。其基本要素是输入输出水通道、蓄水洞或囊。

地下蓄水构造有巨型和微型之分。如果将地下蓄水构造抽象成一个个埋在地下的蓄水囊,则地下蓄水构造是成群出现的,分布在几十、几百,甚至上千平方千米,深至10—2 500米的地下空间中(见图5-4)。同一个土层或几个土层之间构成的层更可能形成群,不同层群合在一起在更广的空间中形成一个系。比如,华北地区的地下水很可能是几个连在一起的水系。北京地区的水源是华北地区水系的一个子系。

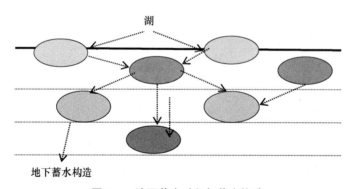

图5-4 地下蓄水过程与蓄水构造

3. 水利工程

20世纪60年代后,随着农田基建和城市成长,很多地方修建了人工水库,人工水库可以看作地面蓄水构造的一种。但是,人工水库数量的增多可能改变水系的自然走向。2005年,全国已建成各类水库85 108座,水库总库容5 624亿立方米。这些水库大多数集中在北纬45°线以下大约350万平方千米的区域内。

平均约600平方千米有蓄1亿立方米水的容量,或者约两个乡镇就有一座水库。其中,大型水库470座,总库容4197亿立方米;由水利部门管理的为387座,由电力及其他部门管理的为83座。数量如此庞大的水库建设,在分布密集的地区,区域内水系的汇流和循环过程被大大地改变了。可以发现,北京地区的很多地上河水,常年处于断水或细水状态。北京有名的卢沟桥处在永定河上,今天只见宽阔的河谷,但河谷中的泱泱大水已经很难见到。官厅以及许多小流域治理坝库等也大大地改变了永定河下游的水系汇流和循环过程。在河北调查时,当地农业部门的负责人说,由于官厅等上游水库的截流,河北与北京交界的村庄在用水方面出现了不同的境遇:在北京辖地上的村庄,有自来水供应;几里路不到的隔壁村庄,则用水异常艰难。人工水库数量的增加,改变了水系的自然分布区域。水系循环走向的改变已经到了影响村庄之间生活的地步。水库数量和水系环境变化的关系见图5-5。

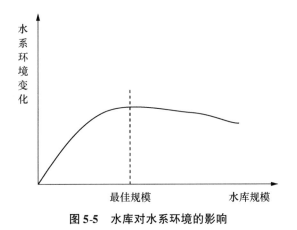

图5-5　水库对水系环境的影响

自然界的水系环境对水的分配并非均匀,适当兴修水库,可以增加水源与人口聚居区的分配拟合度。但当水库规模增加超过某个关键数量时,水库对水环境的改变可能带来负面的影响。

（三）用水过程与用水构造

成水过程是一个自然过程。蓄水构造,除了人为修建的各类蓄水工程之外,也基本上是一个自然过程。用水过程是人类用水,是经济社会过程。用水构造是指"人然—自然"意义上所有消耗和消费水的实体单元的过程总和。其中,自然域下的用水构造是两然水循环的子消耗过程,如自然域下的动植物消耗水等。在人然参与条件下,生产和生活用水使得用水构造更为复杂,如都会区的给排水工程、社区的家庭用水、零售市场的销售以及整个城区的污水处理系统等。

自 1949 年以来,我国人口翻了一番以上,2006 年 GDP 是 1949 年的 149 倍。我国生产的物质产品加权平均后占世界制造业产品的 1/3 以上(曹和平,2006)。而我国占世界 19.77% 的人口(2014 年)用水,与占世界 1/3 以上的工业用水,再加上农业等生产生活用水,占到我国淡水资源的 79% 。此外,我国的用水过程造成了水资源供给的巨大压力。不过,从工程意义上解决水资源问题是短期性的"西医疗法",在用水构造意义上分类并进行规范和激励性管理,才有可能从水资源动态过程的均衡破坏与修复角度,在可持续性层面上解决问题。

对用水过程和用水结构的合理评估,是制定水资源发展利用规划、实现区域水资源合理配置的前提和基础,而取水方式与用水结构有高度的相关性。下面以"竖井抽水"为例对用水构造进行典型性分析。

在 20 世纪 60 年代以前,我国的竖井一般是以人力蓄力为主,井深多在 20 米以内,竖井引水量比较小。随着 60 年代和 70 年代的人口大增长,我国人口总量很快超过十亿,粮食短缺问题严重。在粮食总量增长有限的情况下,提高我国耕地的单位产量是一个有效的方法。在不到 20 年当中,耕地中有 46% 被转换为水浇地。[①] 水浇地面积大幅度增加,粮食供给总量趋于稳定。但是,全国范围内耕地向水浇地形式转化后,地表水以及水库供水无法满足农业需求,竖井抽水就成为一个重要的补充来源。

此外,80 年代以后随着一群大中型城市的兴起,供水需求加大。城市用水主要集中在城市生活用水和城市工业用水两方面。城市新增用水也多为竖井抽水,为了获得洁净的饮用水源,这类竖井抽水的扬程一般是农用水的一倍或者数倍。

我国城市生活用水大爆发是在 1990 年以后,随着经济体制改革的不断深

---

① 1996 年我国耕地面积为 19.5 亿亩,其中,灌溉农业区面积为 7.76 亿亩,占耕地总面积的 39.8%(水田面积为 4.28 亿亩,占 21.9% ;水浇地面积为 3.48 亿亩,占 17.8%),雨养农业区的面积为 11.74 亿亩,占 60.2% 。

入,农村劳动力进城与随之而来的居住人口的增加,大大地改善了城市生活空间和生活质量。小区住宅竖井用水和自来水公司水井取水也在一批批城市住宅小区拔地而起的同时数量剧增。

近十年来,随着工业快速发展,竖井引水的口径加大,扬程增加。20世纪60年代初的时候,保定地区地下水位浅的地方为1—2米;80年代中期,地下水位已降至20多米;2006年,地下水位已降至50米。华北平原很多地方的竖井水源已被污染到用鼻子就可以闻到异味的地步(见图5-6)。

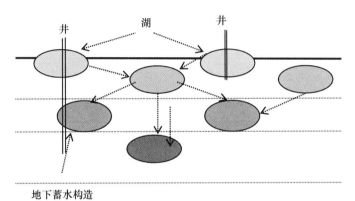

图5-6 城市竖井用水对地下蓄水构造的破坏

生活和工业用水争用同一水源,地下水位已呈加速下降之势。华北地区地下水位的下降恶化了北京地区的地下水源。为了得到较为洁净的地下水源,生活用水取水向更深的水层延伸。目前,北京城区部分深水井超过了500米。

北京市55%的用水来源于地下水。由于长期超量开采,凿深井开采基岩水(主要是岩溶水)逐年增多,而水位加剧下降,单井产水量迅速下降。1983年,在水荒的阴影下,人们争先恐后向地下要水,先后打了4万眼井,使1980—1989年地下水超采量比前10年增加了近50%,地下水位下降了5米;1986年全市8个地下水源厂的平均水位比1985年又下降了1.3米,全市地下水超采量达40亿吨。市区地下水年补给量只有6亿吨,而开采却达9亿吨。连年超量开采,已使市区地下水位比新中国成立前下降20多米。全北京地区已有一半离心泵失效。超采最严重的是城近郊区,已形成区域面积近1 000平方千米的大漏斗区,长辛店、石景山、玉泉路、公主坟一带70平方千米含水层已达疏干或半疏干程度。

竖井密集的地区形成地下漏斗区的一个重要经济学原因在于地下水的归属

权不明朗,很多单位争相使用同一地下水源,但同时缺乏保护。如前所述,地下蓄水构造,除了部分溶洞式的流动水源外,大部分是以水囊的形式存在的,初始静态存量不小,但流量有限或具有很大的季节性。争相取水时,获得取水优势就是使自己的取水口比别人的更深。地下蓄水构造的水囊边界是有限的,当某一口井的取水端口捅破水囊的下部时,蓄水构造中的水源很快漏入四周像海绵一样的土层中,取水意义上的水源消失。最可怕的是捅破水囊的底部,长期甚至以亿年为单元形成的蓄水被在短时间内迅速漏掉,蓄水构造报废。漏斗区是地下蓄水构造遭到破坏的极端现象或者是癌变现象。修复漏斗区的成本可能是天价。因而,竖井用水,尤其是密集式竖井取水,是用水构造中的潜在环境破坏型构造(见图5-7)。

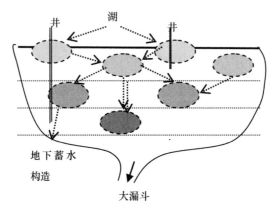

图 5-7 竖井密集的地区形成地下漏斗区

(四)三大构造联结形成区域水循环供需构造链

区域水循环系统在某一空间范围内与外界水运动产生不同程度的交换,形成一个局部开放系统。在系统内部,人然水循环与自然水循环两者合并构成大的水循环。当人然水循环发育程度较低时,区域水循环系统主要是水自然生态;当人然水循环相对于自然水循环成长到一定程度时,区域水循环系统会转化为水人然生态。

基于水资源供需意义上的成水构造、蓄水构造与用水构造,是对整个水循环动态过程的解构。成水构造基本归属于自然水循环,为区域水循环供需构造中的供给性过程构造;用水构造全程都有人然参与,属于人然水循环,是需求性过程构造;蓄水构造是成水构造与用水构造的结合部,也是自然水循环与人然水循环的连接点。三大构造在人然活动与自然变化的作用下具有内在动态过程联结逻辑的一致性,形成区域水循环供需构造链(见图5-8)。

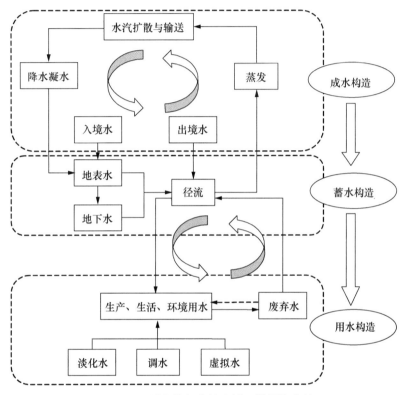

图5-8 区域自然与人然水循环供需构造链

由于自然变化相对人然过程缓慢,且有相当部分是因人然活动而产生,因此可依据人然活动对区域水循环的作用程度进行分析。当人然活动较弱时,"成水构造—蓄水构造—用水构造"三大过程联结成完整的区域水循环供需构造链条,区域水循环均衡。当人然活动较强时,用水构造在生产消耗和生活消费两种主要力量的作用下不断加强,蓄水构造与成水构造受人然活动影响程度的不同也会发生变化。用水需求量与污水排放量超过区域水生态承载力时,三大环节之间可能发生脱节,区域水循环供需构造链条局部甚至全面断裂,造成自然与人然水循环动态失衡。

针对水资源供给与需求间的差距,区域行政管理者往往受宏观工程性思想的约束,为满足不断扩大的用水需求量,可能实施耗资巨大的跨区域转移水来解决失衡,当然节水与再生水的思路也会穿插其中。再生水与转移水环节的加入,会拉长和修复区域水循环供需构造链。在新拉长的补偿型链条中,局部断裂被恢复,区域水循环暂时恢复均衡,但成水构造与蓄水构造的变化短期内无法修复。

本 章 结 语

在传统水循环理论中抽象出"人然"概念,阐述了自然水循环与人然水循环良性互动的均衡模式。基于供需理念对两大水循环合一形成的自然和人然水循环进行解构,提出成水过程、蓄水过程和用水过程,分别对应于成水构造、蓄水构造和用水构造,并且三者"供需成链"。这样就从"海洋—陆地—天空"三位一体的角度为有效分析北京及周边地区水资源供需问题提供了理论框架,可方便对人类参与条件下的水生态过程进行"人然—自然"的复合性特征的理解,而且还可以将这种复合过程单独分离出来,进行归一化的单元对象理解。这无疑对都会城市区水循环过程存在问题的全面理解有帮助。

参 考 文 献

[1] Qin, D. , C. Lu, J. Liu, H. Wang, J. Wang, H. Li, J. Chu, and G. Chen. Theoretical framework of dualistic nature—social water cycle[J]. Chinese Science Bulletin, 2014, 59(8): 810—820.

[2] 黄锡荃等. 水文学[M]. 高等教育出版社, 1985:41.

[3] 曹和平. 跨国企业集团二次成长阶段行为特征与规制途径[J]. 中国社会科学, 2006(5).

[4] 刘昌明,何希吾等. 中国二十一世纪水问题方略[M]. 科学出版社, 1998.

[5] 张光斗,陈志恺. 我国水资源的问题及其解决途径[J]. 水利学报, 1991,4.

第6章 北京水循环供需动态
失衡与修复机理

一、北京水资源状况

（一）降水量与水资源总量

水资源总量是指降水所形成的地表和地下的产水量,即河川径流量(不包括区外来水量)和降水入渗补给量之和。水资源总量并不等于地表水资源量和地下水资源量的简单相加,需扣除两者的重复量。

降水量与水资源总量作为区域自然水流量的重要衡量标准,其动态变化直接反映北京地区自然水循环的变化情况。

北京多年平均降水量(1956—2000 年)为 585 毫米,总降水量为 98.0 亿立方米,形成水资源 37.4 亿立方米。2001—2012 年,北京年降水量分布不均,干湿交替,总体降水略升。北京以平原为主,入境水量较少,且上游拦截增多,年水资源总量的变化趋势与年降水量相当。2001—2012 年,北京年平均降水量为494.5 毫米,形成年平均水资源总量 24.1 亿立方米,与多年平均(1956—2000年)相比它们分别减少了 15.5% 和 35.6%(见图 6-1)。

2012 年,北京市水资源总量为 39.50 亿立方米,按照年末常住人口 2 069 万人计算,北京市人均水资源占有量为 191 立方米,人多水少是基本水情;根据北京多年平均水资源总量(1956—2000 年),人均水资源量不足 200 立方米,为全国同期人均(2 300 立方米)的 1/12,世界人均(7 400 立方米)的 1/37。与世界城市相比,伦敦、纽约、巴黎、东京等城市人均可用水资源量是北京的 1.7—2.5 倍;

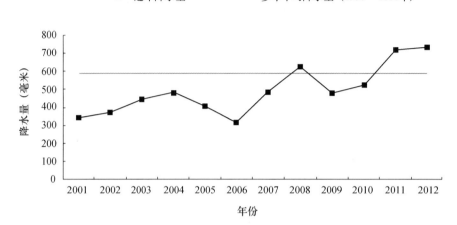

图 6-1　北京 2001—2012 年降水量变化与多年平均降水量

资料来源:《北京统计年鉴 2013》。

北京多年平均入境水资源量(1956—2000 年,含拒马河)为 21.08 亿立方米,仅为纽约、巴黎、东京的 1/9—1/7。

(二) 地表水资源

地表水资源量指地表水体的动态水量,用天然河川径流量表示。

2012 年全市地表水资源量为 17.95 亿立方米,比多年平均 17.72 亿立方米多 1%。从流域分区看,北运河水系径流量最大,为 7.67 亿立方米;永定河水系径流量最小,为 1.28 亿立方米。2012 年全市入境水量为 5.82 亿立方米(未包括南水北调河北应急调水 2.8 亿立方米),比多年平均 21.08 亿立方米少 72%;全市出境水量为 18.50 亿立方米,比多年平均 19.54 亿立方米少 5%。

在自然地理上,北京属海河流域,其境内包含大清河、永定河、北运河、潮白河与蓟运河 5 大水系,41 处湖泊,地表水网发达。河流分水系河流数量情况见表 6-1。

表6-1 河流分水系河流数量情况

流域面积\水系	河流数量(条)						
	10平方千米以上	50平方千米以上	100平方千米以上	200平方千米以上	500平方千米以上	1000平方千米以上	3000平方千米以上
合计	425	108	59	29	13	9	2
蓟运河水系	42	11	6	2	2	1	0
潮白河水系	138	27	17	9	4	3	1
北运河水系	110	33	19	9	3	2	0
永定河水系	75	22	9	6	3	2	1
大清河水系	60	15	8	3	1	1	0

资料来源:《北京市水务普查公报》(2011)。

北京共有大、中、小型水库88座,2012年北京18座大中型水库可利用来水量为6.39亿立方米,年末蓄水总量为15.06亿立方米。官厅水库与密云水库为北京最大的两座水库。官厅水库2012年可利用来水量为0.22亿立方米,比多年平均9.41亿立方米少9.19亿立方米。密云水库可利用来水量为3.04亿立方米(包括收白河堡水库、遥桥峪水库补水0.63亿立方米),比多年平均9.91亿立方米少6.87亿立方米。两大水库可利用来水量为3.26亿立方米,比多年平均19.32亿立方米少16.06亿立方米。2012年官厅水库年末蓄水量为1.37亿立方米,密云水库为10.86亿立方米,两库年末共蓄水12.23亿立方米。

表6-2 北京主要水库基本情况

序号	水库名称	水库规模	所在河系河流	所在区县	集水面积(平方千米)	总库容(亿立方米)	防洪库容(亿立方米)	设计洪水标准
	合计				64574	93	52	
1	密云水库	大型	潮白河	密云	15788	43.75	18.52	1000年一遇
2	官厅水库	大型	永定河	河北怀来	43402	41.6	29.13	1000年一遇
3	怀柔水库	大型	潮白河支流怀河	怀柔	525	1.44	1.045	100年一遇
4	海子水库	大型	蓟运河支流泃河	平谷	443	1.21	0.41	100年一遇
5	十三陵水库	中型	北运河支流东沙河	昌平	223	0.81	0.515	100年一遇
6	桃峪口水库	中型	温榆河支流蔺沟河	昌平	39091	0.1008	0.0548	100年一遇
7	纱厂水库	中型	潮河支流红门川河	密云	128	0.202	0.055	50年一遇
8	半城子水库	中型	潮河支流牤牛河	密云	66.1	0.102	0.0688	50年一遇

(续表)

序号	水库名称	水库规模	所在河系河流	所在区县	集水面积（平方千米）	总库容（亿立方米）	防洪库容（亿立方米）	设计洪水标准
9	遥桥峪水库	中型	潮河支流安达木河	密云	178	0.194	0.054	100年一遇
10	北台上水库	中型	潮白河支流雁栖河	怀柔	102.2	0.383	0.1665	100年一遇
11	大水峪水库	中型	潮白河支流沙河	怀柔	55.6	0.146	0.038	50年一遇
12	西峪水库	中型	汝河支流	平谷	81.1	0.143	0.0643	100年一遇
13	黄松峪水库	中型	洵河支流	平谷	49	0.104	0.019	100年一遇
14	大宁水库	中型	小清河	丰台	无	0.36	0.36	50年一遇
15	珠窝水库	中型	永定河	门头沟	329	0.143	0.028	50年一遇
16	斋堂水库	中型	永定河支流清水河	门头沟	354	0.542	0.43	50年一遇
17	白河堡水库	中型	潮白河支流白河	延庆	2 657	0.906	0.09	100年一遇
18	崇青水库	中型	小清河支流刺猬河	房山	102.1	0.29	0.22	100年一遇
19	天开水库	中型	大石河支流夹括河	房山	48.5	0.1475	0.1135	100年一遇
20	牛口峪水库	中型	大石河支流沙河	房山	2.3	0.1	0.0079	100年一遇
21	永定河滞洪水库	中型	永定河	房山	无	0.44	0.44	100年一遇

资料来源：《北京十二五水工程与水环境规划》。

（三）地下水资源

降水渗入地下的部分形成地下水。地下水可分为深层和浅层两种。深层地下水埋深大，补给周期长，如果大量抽取会造成地下空隙，引起地面沉陷。所以，可利用地下水通常指浅层地下水。地下水的形成不仅受气候、水文、地形等自然条件的影响，还受地质构造、地层、岩性等条件的作用，所以不同地区地下水的补给、储存、径流及排泄有较大差别。地下水资源量指地下水中参与水循环且可以更新的动态水量。

历史上北京地下水资源丰富，占水资源总量的一半以上，目前共有水源地83处，其中特大型水源地5处，大型水源地7处。2012年年末，北京平原区地下水平均埋深为24.27米，与1980年年末比较，地下水位下降了17.03米，储量相应减少87.2亿立方米；与1960年比较，地下水位下降了21.08米，储量相应减少107.9亿立方米。2012年各行政区平原区地下水埋深详见图6-2。

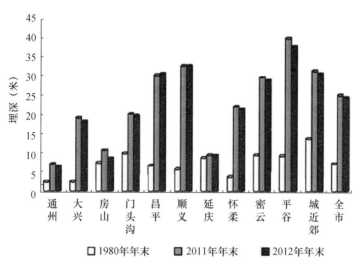

图 6-2 1980 年、2011 年及 2012 年不同行政区平原区地下水埋深

资料来源:《2012 北京市水资源公报》。

2012 年北京地下水埋深大于 10 米的面积为 5 465 平方千米,较 2011 年减少了 5 平方千米;地下水降落漏斗(最高闭合等水位线)面积 1 048 平方千米,比 2011 年减少了 10 平方千米,漏斗中心主要分布在朝阳区的黄港、长店至顺义的米各庄一带。

二、北京供水与用水状况

(一) 供水结构

供水量指各种水源工程为用户提供的包括输水损失在内的毛供水量。2012 年北京总供水量为 35.9 亿立方米,其中地表水为 5.2 亿立方米,占总供水量的 14%;地下水为 20.4 亿立方米,占总供水量的 57%;再生水为 7.5 亿立方米,占总供水量的 21%;南水北调河北应急调水为 2.8 亿立方米,占总供水量的 8% (见图 6-3)。

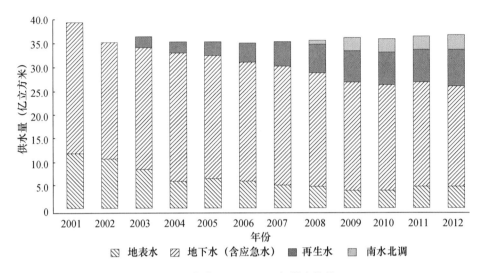

图 6-3　北京 2001—2012 年供水结构

资料来源:《北京统计年鉴 2013》。

从供水结构上看,2001—2012 年北京地下水供水量呈下降趋势,再生水、南水北调引水呈上升趋势,应急水基本不变。北京近年来的供水水源主要是地表水、地下水、再生水、南水北调和应急水。再生水于 2003 年开始启用。应急水源地建于 2003 年,2005 年启用,主要取自怀柔、平谷、昌平等地的地下水,因此在计算供水结构时可以归为地下水用水。图 6-3 中 2008—2012 年的"南水北调"是从河北省岗南、黄璧庄和王快 3 座水库向京输送的救急水。真正的"南水北调"——南水北调中线工程于 2014 年年底正式通水进京,根据南水北调中线工程一期规划,从丹江口水库多年平均调出水量 95.0 亿立方米,扣除沿途蒸发渗漏损失,受水区实际收水总量为 85.3 亿立方米,其中分给北京的实水量为 10.5 亿立方米。2015 年北京市预计收水 8.18 亿立方米,计划按照"喝、存、补"的优先顺序进行利用。

据当前海水淡化的发展进程估计,渤海淡化水将是北京未来重要的供水渠道之一。目前,海水淡化已遍及全世界 125 个国家和地区,迪拜、沙特等都是长期使用淡化海水。我国是海洋大国,海岸线长度和海洋面积都位居世界前列,海水淡化具有广阔的发展空间。海水淡化进京项目正在开展前期工作,北控水务集团已在河北唐山曹妃甸通过引入国外技术设备建成大规模海水淡化厂。海水淡化进京项目主要有制水和输水两部分,制水一期规模是日产100万吨,总造价70亿元,出厂水价每吨约4.5元左右;输水通过曹妃甸到北京的270千米管线,总造价100亿元,输送成本为每吨2.5—3.5元。

(二) 用水结构

用水量指分配给用户的包括输水损失在内的毛用水量。北京用水总量主要分配给农业、工业、生活和环境四个方面,即用水结构。总的来看,北京2001—2012年用水总量基本稳定,其中工业、农业用水量呈下降趋势,生活与环境用水量呈上升趋势(见图6-4)。

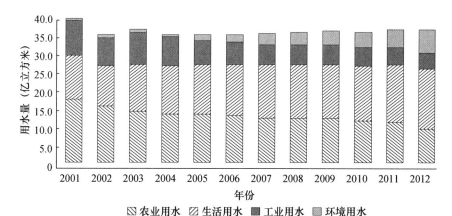

图 6-4 北京 2001—2012 年用水结构

资料来源:《北京统计年鉴 2013》。

2012年北京总用水量为35.9亿立方米,其中生活用水为16.0亿立方米,占总用水量的44%;环境用水为5.7亿立方米,占16%;工业用水为4.9亿立方米,占14%;农业用水为9.3亿立方米,占26%。

"十二五"期间,北京的节水工作也按照用水结构的四个方面开展。在生活用水方面,重点控制居民家庭生活用水增长速度,实行节水产品、器具节水效率市场准入制度;全面推行雨水利用和中水回用设施建设,提高旅游节水灌溉效率。在工业用水方面,优化工业产业结构,限制高耗水低产值行业的发展,工业园区实行产业用水效率准入制度。在农业用水方面,发展节水灌溉,加强农业机井用水管理,鼓励发展旱作农业。在环境用水方面,推进河湖、郊野公园雨水及再生水的利用,实行河湖再生水调蓄和调度。

三、北京水资源供需状况分析

用水总量代表北京水资源的需求量,水资源总量为供给量,收集两者近年、多年的数据比较后可以看出:2001—2012 年北京年用水总量变动幅度不大,为 35.1 亿—38.9 亿立方米,计算得北京年平均用水总量为 35.4 亿立方米,高出年平均水资源总量达 11.3 亿立方米(见图 6-5),这表明北京地区水资源需求量超过供给量,北京处于水资源供需失衡状态。

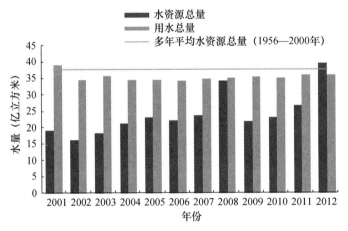

图 6-5 北京 2001—2012 年水资源总量、用水总量与多年平均水资源总量

资料来源:《北京统计年鉴 2013》。

2012 年,地表水和地下水为北京主要用水来源,其中地下水用水量占用水总量的 68.3%。北京市地下水补给主要来源于大气降水入渗、山区河谷潜流和地表水体下渗,平原区地下水多年平均补给量约为 16.8 亿立方米。由于降水量和地表水水资源的减少,北京 2001—2011 年地下水用水量一直大于地下水资源量,导致地下水埋深不断下降(见图6-6)。2014年1月,北京平原区地下水平均埋深为24.5米,与超采前的1998年同期相比,地下水位下降了12.83米,地下水储量减少了65亿立方米。目前北京地下已经形成约1000平方千米的地下水降落漏斗区,这是水资源供需失衡的具体表现。

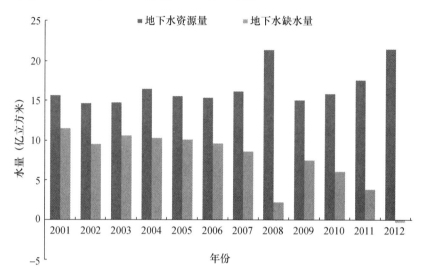

图6-6 北京2001—2012年地下水资源量与地下水缺水量

资料来源:《北京统计年鉴2013》。

北京作为近年来我国经济高速稳定增长的主要驱动城市之一,其水循环随人然活动的不断加强而发生改变,自然与人然两大水循环之间的供需数量关系随人然活动作用的增进而此消彼长。

对比区域水循环动态均衡与失衡状态图(图5-2与图6-7)可以得出:水资源在两种状态下的流动路线与方向没有发生改变,改变的是两大循环中水流量供求的对比关系:在均衡状态下,人然水循环的水流量需求小于自然水循环的水流量供给,即人然水资源的开发利用没有超过自然水资源的更新速度;而在失衡状态下,则情况相反。从根本上看,区域人然水循环的水流是自然水循环分出的"支流",都会城市区用水爆发引起"支流"水量需求超越了本地"干流"供给量,从而导致其水循环动态失衡。

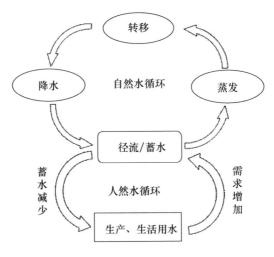

图 6-7　北京水循环供需动态失衡

四、北京水资源供需失衡机理及其行为因子

（一）气候变化与人然活动对北京水循环供需构造的影响

成水过程中水汽形成、转移和降落，一方面对大气的成分比例变化、能量传输转化产生重要影响，另一方面它基本属于大气环流活动的一部分，因此也会受到气候变化的制约。统计意义上的水资源量是由区域内水汽液化和汽化的对比关系来决定的，不受入境水量的影响。受蒸发量数据难以获取的限制，只能以降水量与平均气温（温度是影响水面、陆面蒸发量大小的重要因素，在其他影响因素不变的前提下，气温越高，蒸发量越大）作为衡量区域内水汽液化和汽化的气候指标，来分析气候变化对北京地区成水构造的影响。

受温室效应、城市热岛效应等因素的影响，北京 1978—2012 年年平均气温呈明显上升趋势（见图 6-8）。根据年平均气温的线性趋势线，可以计算出北京 2012 年的线性年平均气温比 1978 年高 1.64℃，而 2012 年的实际平均气温也比 1978 年高 1.3℃，升幅达每年 0.038℃。平均气温的上升必然会对北京地区的蒸发量及其他气候特征产生影响，但由于影响区域蒸发的因素复杂多样，气温与蒸发量的关系难以精确衡量。

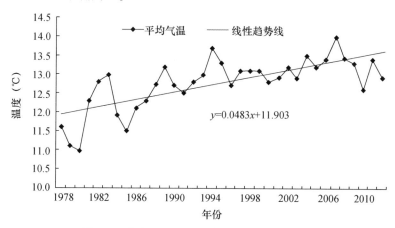

图 6-8　北京 1978—2012 年平均气温变化趋势

资料来源:《北京统计年鉴 2013》。

　　北京 2001—2012 年的气温较稳定,短期内北京地区的蒸发量对水资源产生的影响可以忽略。将北京 2001—2012 年降水量与水资源总量的变化结合起来进行趋势分析,可以得到近年北京降水量与水资源总量之间的关系(见图 6-9)。回归分析结果表明,北京的降水量与水资源总量之间存在良好的相关性,相关系数为 0.81,线性方程为 $y = 0.0393x + 4.7237$(R^2 值为 0.6568)。因此,降水量作为北京地区水资源的主要补给来源,对水资源总量的影响很大。

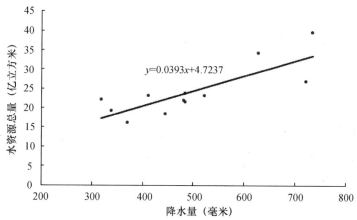

图 6-9　北京 2001—2012 年降水量与水资源总量之间的关系

资料来源:《北京统计年鉴 2013》。

人然活动对北京水循环的影响可以分为直接影响和间接影响,直接影响即人类直接对水资源的质和量进行作用,而间接影响是人类通过对除水资源以外的资源环境进行作用而影响水循环各要素。从作用机理上看,用水构造、蓄水构造受人然活动的直接影响,成水构造受间接影响。

用水构造是基于人然活动形成的独立过程,北京地区用水构造总体上可以从用水和补水两方面来分析。北京的用水总量主要分配给农业、工业、生活和环境四个方面。① 农业用水方面。农业的用水效率远低于其他产业,但随着节水灌溉率的提高和种植结构的不断调整,北京的农业用水逐年减少。② 工业用水方面。2001—2012 年,北京工业产值在总产值中的占比由 25.3% 降至 18.4%,而工业用水量在用水总量中的占比由 23.7% 降至 13.6%,每万元工业增加值用水水平处于全国领先地位。这种变化一方面是由于北京工业规模的缩小和工业内部的产业调整,如电力工业、金属冶炼等耗水企业的退出;另一方面是由于工业用水发展循环利用,北京工业用水重复利用率已超 90%,接近世界先进水平。③ 生活用水方面。北京近年人口的不断增长和城镇化水平的提高,生活用水的刚性需求增加。据《新京报》报道,北京人均生活日用水量为 210 立方分米左右,约为德国的 1.73 倍,因此生活用水节水还有上升空间。④ 环境用水方面。环境用水主要以河湖补给、园林绿化为主,用以维持和改善生态环境。随着生活水平的提高,对生活环境的要求必将日益提高。总体来看,北京用水结构逐步趋向合理,用水总量仍有下降空间。

在补水方面,北控水务集团预计 2019 年北京将引入渤海的淡化水(日产 100 万吨)。虚拟水是生产商品和服务所需要的水资源量,但目前还只是作为新研究方向停留在概念层面,只有南水北调工程为缓解北京水资源短缺真正做出了贡献。自 2008 年以来,利用南水北调京石段工程每年从河北水库向北京已经输送了 0.7 亿—2.88 亿立方米的水。2014 年 10 月南水北调中线工程通水以后,预计每年向北京分配 12.4 亿立方米的汉江水。南水北调中线工程未来短期内能够有效缓解北京人然水循环与自然水循环之间的水缺口压力,但是大规模跨流域调水会影响旧的水生态平衡状态,改变至少两个区域的水循环路径,可能会引起调水相关区域的一系列水环境效应,不利于北京水循环动态均衡的长期发展。

人然活动对蓄水构造的影响主要通过对动态水循环中地表径流与地下径流

（包括壤中径流）的载体改造来实施,可以从三个方面来分析:第一,水利工程对地表径流的影响。北京地区自 20 世纪 50 年代初期开始建设新中国的第一座水库——官厅水库以来,陆续建成大、中、小型水库 88 座,总库容为 93.75 亿立方米。水库具有拦截地表径流、减少出境水量的作用,能够为北京地区积聚水资源,从而改变区域水量平衡的对比关系。2012 年,北京 18 座大中型水库的年蓄水量为 15.06 亿立方米,占地表水资源的 84%。第二,城市化对下垫面的改造。地下水的补给主要来源于降水和地表水的下渗,城市的兴建和发展会在一定程度上阻断下渗过程,不仅减少地下水供给,还会形成城市雨岛效应。北京自1985 年以来城市化水平不断提高,建成区面积扩大(见图 6-10),城市基础设施和地面建筑的覆盖减弱了北京城市集水区内的天然调蓄能力,阻隔下渗,增大了地表径流。第三,城市建设对地下水层水运动的破坏。北京作为我国的特大城市,其空间扩展不仅局限于水平方向,而且垂直方向也在不断延伸,如地下商场、地下车库、地下交通等设施。地铁作为代表性城市地下轨道交通,深入地下达数十米,必然会对城市地下水层产生干扰和破坏。北京地铁截至成稿时共有 17 条运营线路,线路长度共 465 千米,是世界上规模最大的城市地铁系统之一。公路网加速了地表水和浅层地下水运动的改变,恶化了自然水流动。

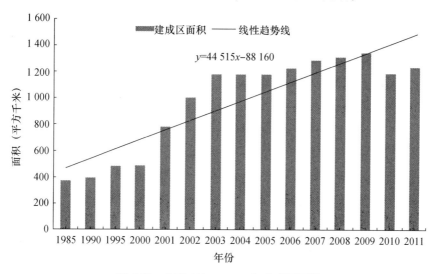

图 6-10　北京 1985—2011 年建成区面积

资料来源:《中国城市统计年鉴》(1986—2012)。

另外,根据国内外近年来对气候变化的相关研究,工业化、城市化带来的温室效应使全球气候在近 50 年快速变暖,引发区域温湿度、蒸发、降水等气象因素的变化。人然活动通过气候变化也对北京地区的成水构造产生间接影响,因此人然活动的水文效应是造成北京水生态系统失衡的主要原因。

(二) 北京水资源供需失衡的行为因子

1. 人口数量持续增加

北京人口数量多,且持续增长,城镇化水平高。1978—2000 年,改革开放为人们带来了巨大的经济和社会效益,生产高速发展的需要与生活质量的提高使得北京人均用水量总体上升,配合增长的人口数量因数,产生都会城市区生活用水的爆发性增长。2001—2012 年,北京常住人口由 1 385.1 万人增至 2 069.3 万人,年平均增长人数达 57.0 万人,由于实施节水、控水政策后,年人均用水量下降,才使得年用水总量维持在 35.4 亿立方米左右。

2. 政府市场配置扭曲

北京的经济体量在近半个世纪急速扩大,水资源总需求随之节节攀升,城市地表水和地下水被放任无序开采,更加大了水资源危机。追根寻源,北京水资源配置不当是重要原因之一,而多年来北京水市场缺乏用市场手段、制度建设来矫正用水行为的"治本"方式,而总是从工程思维着手,求助于补水和调水技术的"治标"方式,这是导致水资源紧缺加剧的重要原因。随着时间的推移,水资源供需矛盾日益突出,工程技术手段带来的负面影响也逐渐显露。

3. 区域经济集聚增长

产业集聚能够产生很好的外部规模经济和外部范围经济。作为中国的首都城市,北京必然成为各种经济活动的集聚地,成为带动区域经济的增长极[①]。按照当年价格计算,北京 2001—2012 年万元地区生产总值水耗从 104.91 立方米降为 20.07 立方米,但地区生产总值增长 4.82 倍,产业结构调整和用水效率的提高才使得北京的用水总量基本持平。

---

① 经济增长通常是由分布在不同地理区位的国民经济主导产业(群)的集聚形成的。那些增长迅速、具有区域或全局影响的集聚中心,一般称为增长极。

4. 新型产业要求提升

北京的城市核心竞争力来自国内其他城市不可替代的产业群集合。概括起来,主要是"高校—科研—设计—出版—网络—摄制—电子信息"等现代创意产业群、"计算机—软件—高性能运算—数据库处理—现代电子器件—生物制药"等高新技术产业群、"总部—会议—展览—预测—旅游—文化—演艺—康复—治疗"等会展旅游文化及服务产业群、"银行—证券—期货—保险—信息中介"等泛金融产业群等。新型产业对水环境提出了更"精致"和"苛刻"的需求,水质和水量条件的要求更高。

5. 城市建设规模扩大

生活、生产需要带动城市建设面积攀升,产生对区域下垫面的重大影响。根据图6-10,北京2011年的建成区面积相当于2000年的近3倍,占市辖区面积的11.7%。高速增长与高比重的建设规模必然在一定程度上阻断地表与地下水之间的联系,从而引起北京地区蓄水构造甚至是成水构造的重大不可逆变化。

6. 基础建设的负面影响

水利工程,交通设施,水资源、能源供应管网等是为满足城市生活、生产需要修建的公共产品。基础设施建设不仅为生活、生产提供便利,也会改变原有的地表水系和地下含水层,给北京水环境与水循环构造带来负面影响。例如,2008年引冀水进京时发生了"水黄"现象,境外水通过水利工程进入境内可能会产生新的水问题。

五、北京水循环供需动态失衡逆向修复

在"海洋—陆地—天空"三位一体的自然意义上,北京水资源供需构造有自己的缺陷,但并不是绝对缺陷。北京水源的总量并没有小到威胁可持续发展的地步。北京仍然有GDP增长、生活水准上升、人均用水下降的潜力。

比如,莱茵—鲁尔地区处在内陆,是世界上最大的城市群之一,人口密度和中国长江三角洲相仿,年降雨量和北京相仿,同属于半湿润地区。在给定水资源环境的条件下,该地区较好地处理了人口与工业用水和水环境的互动关系。北京被称为中国最"缺水"的地区,但2006年的人均生活用水为每天213升,是德国129升的1.6倍。

　　换句话说,北京的成水构造并不会在供给上成为威胁该地区目前发展的瓶颈。但是,北京地处华北平原,和受惠于青藏高原常年大河的长江流域不一样,其源头的成水构造多处在海拔2000米以下的山区和平原,人类的经济活动已经有能力影响这一空间的成水过程。目前,很多发源或流经北京及周边地区的小河和溪流,基本上都处在干涸状态,其成水过程受到破坏的机理为:工业化和灌溉农业以及城市群的兴起,密集式竖井取水方式大大地降低了华北平原的地下水位,季节性中等程度以下的降雨汇集成的小溪小流在流程中需要补充一部分地下水而缩短了自己的流程,河流干涸时间加长,河流充水时间变短。同时,20世纪60年代后期为防止类似19世纪60年代华北地区的洪涝灾害发生,大规模治理滦河等系列"治河"工程,将中等以上程度的降雨形成的巨量水源,很快通过泄洪支流和干道组成的网络最终送入海洋。这样的人类活动,大大改变了华北水系,尤其是低洼地区水系的自然走向。泄洪排涝工程将雨季的湿度降低,使得干旱季节的湿度更小。季节性的朝露和霜冻减少,大气中成水过程的概率降低。以上都某种程度上影响了海拔2000米以下平原地区的成水过程。

　　相比来说,北京地区成水构造的破坏程度较小,其蓄水构造的破坏程度更令人担忧。地下水占北京地区水资源的大部分,但是,深井开采的密集程度的增加以及地下水资源权利的无序管理,使得地下浅层的蓄水构造不断遭到破坏,并向深层蓄水构造延伸。这种过程不仅加大了取水的单位成本而使北京的居住和生产不具备水资源上的成本优势,并且使得水资源动态均衡的成水构造和蓄水构造脱节,有可能在根本意义上摧毁北京地区千百万年来形成的蓄水构造与成水构造的良性动态均衡。

　　蓄水构造的严重破坏,使得北京地区的用水过程及用水构造成为一个薄弱环节。和上海地区不一样,北京一次性用水后的废弃水体往往在自身及周边的华北平原上就地排出,经过简单的污水处理程序后又通过各个环节循环到自身水环境之内。由于不像上海地区周围大海具有降解和蓄污的能力,这种用水构造使得北京地区原来的水环境遭到严重的破坏。

　　前面的分析表明,在北京水循环供需动态失衡的动力学机制中,力矩是由用水构造指向蓄水构造进而指向成水构造的。在实验的意义上,根据水环境动态均衡过程的形成机理,运用反工程(deengineering)方法,存在着将失衡过程逆转的理论解。问题的难度在于,失衡过程的力矩始点来源于城市经济的增长,没有水权及水市场等的制度建设矫正用水行为,而我国城市解决水资源短缺问题一贯从工程思维着手,求助于补水和调水技术,这在带来负面影响的同时亦不能有效解决问题。

北京水循环用水构造具有帕累托改进的空间,其水资源需求管理远远落后于需求的发展。根据反工程原理,矫正增长方式与规范需求行为应是修复水循环动态失衡逆向工程的两个重要始发点。从水资源承载力的角度看,不同的经济增长方式对水资源的依赖程度具有较大的差异,应该在研究北京水资源承载力的基础上,比较不同增长模式对水资源投入的依赖程度及福利经济学后果,从而寻找北京经济增长的最优模式。从水资源需求的角度看,水的社会属性和经济属性要求对水资源的拥有进行完整的权益规范但又对公共享有有明晰的制度安排,才能使水权反映社会和个人的双重权利,使水价格体系建立在水权的基础上反映市场稀缺程度,达到有效的使用和整体福利的改进。本书在后面的第四篇和第五篇中,将重点阐述这两方面的内容。

本 章 结 语

北京近年平均水资源量(2001—2012 年)相对多年平均(1956—2000 年)大幅下降,其人均水资源量不足全国同期人均水资源量的 1/10;在供水和用水方面,受产业结构调整、用水效率提高等因素影响,近年的总量基本持平,结构变化较大。根本上,人然水循环的水流是自然水循环分出的"支流",都会城市区用水爆发引起"支流"水量需求超越了本地"干流"供给量,从而导致其水循环动态失衡。从人然活动作用分析,人然活动对北京水循环的影响可以分为直接影响和间接影响,人然活动下的水位效应为直接影响,而人然活动对气候变化的作用为间接影响。从作用机理上看,用水构造、蓄水构造受人然活动的直接影响,成水构造受间接影响。拓展水资源管理的政策思考空间,从"海洋—陆地—天空"三位一体的自然—人然意义上的水循环动态均衡恢复角度,系统有效地解决北京地区的水资源短缺问题,方能构造北京可持续大都会城市的核心竞争力。

参 考 文 献

[1] 陈家琦等. 水资源学[M]. 科学出版社,2002.

[2] 北京市水务局. 2001—2012 年北京市水务公报.

[3] 北京市水务局,北京市统计局. 北京市第一次水务普查公报[M]. 中国水利水电出版社,2013.

[4] 北京市水务局. 北京市"十二五"节约用水规划. 2012.4.

[5] 北京市水务局. 北京市"十二五"水资源保护与利用规划. 2011.12.

[6] 李会安. 北京市水资源利用问题与对策田[J]. 北京水务,2007(6):4—6.

[7] 文魁,祝尔娟等. 京津冀发展报告(2013)[M]. 社会科学文献出版社,2013.

[8] Allan, J. A. "Virtual water": A long term solution for water short Middle Eastern economies? [A]. Paper presented at the 1997 British Association Festival of Science, Roger Stevens Lecture Theatre [M]. University of Leeds, Water and Development Session, 1997: 17—45.

[9] 任春艳等. 西北地区城市化对城市气候环境的影响[J]. 地理研究,2006(2):233—242.

[10] 贺国庆,李湘姣. 气候异常之亚热带地区水文循环及生态需水量研究[M]. 中国水利水电出版社,2009:54.

[11] 贺国平等. 北京市平原区地下水资源开采现状及评价[J]. 水文地质工程地质,2005(2):45—48.

第四篇

北京水生态：文明视野下
增长模式的选择

第7章 北京水资源承载力分析

一、水资源承载力与计算方法

（一）水资源承载力的概念

承载力的字面意思为物体在不受破坏条件下可承受的最大负荷能力,是一个工程力学概念,现在已经演化为度量自然环境对人类经济社会活动的最大承受程度的科学概念,是人类可持续发展度量和管理的重要依据。水资源承载力是承载力理论扩展到水资源领域而衍生的单因素制约承载力。近些年来,由于水资源问题日益严峻,水资源承载力研究已成为资源环境承载力方面最受学术界关注的问题之一。

关于水资源承载力概念的界定,目前学术界尚未达成统一意见。在国外,专门研究水资源承载力的成果较少,多是将其纳入资源环境系统承载力或可持续发展的研究当中。在国内,虽然研究起步较晚,但已经有一批学者对水资源承载力的概念提出不同的见解。施雅风和曲耀光(1992)认为,"水资源承载能力是指某一地区的水资源,在一定社会历史和科学技术发展阶段,在不破坏社会和生态系统时,最大可承载(容纳)的农业、工业、城市规模和人口的能力,是一个随着社会、经济、科学技术发展而变化的综合目标"。程国栋(2002)则把水资源承载力定义为"某一区域在具体的历史发展阶段下,考虑可预见的技术、文化、体制和个人价值选择的影响,在采用合适的管理技术条件下,水资源对生态经济系统良性发展的支持能力"。封志明和刘登伟(2006)认为水资源承载力是"一定时期、一定经济技术条件和生活水平下,一个区域的水资源所能持续支持的最大人口数量或社会经济发展规模"。段春青等(2010)则认为水资源承载力为"某个区域在一定经济社会和技术发展水平条件下,以生态、环境健康发展和社会经济可持续协调发展为前提的区域水资源系统能够支撑社会经济可持续发展的合理规模"。

虽然不同学者对水资源承载力有不同的定义,但上述定义中均包含承载主体、承载对象和承载限度三大要素。承载主体强调区域水资源的系统性和动态性,即区域水资源的承载主体是一个集成的开放系统,无论是地表水资源还是地下水资源,区域之间均呈现动态交换;承载对象为具有特定特征的自然—社会—经济系统,它对水资源的消耗特征随时间推移也会发生变化;承载限度则客观反映区域水资源供给对自然、社会、经济各系统及三者综合系统发展的支撑能力。因此,水资源承载力可以定义为考虑供给和消耗特征的区域水资源对自然—社会—经济系统的最大支撑能力。

(二) 基于生态足迹的水资源承载力计算方法

1. 生态足迹理论

生态足迹(ecological footprint, EF)曾被形象地比喻为"一只负载着人类与人类所创造的城市、工厂……的巨脚踏在地球上留下的脚印",它在 1992 年由 William Rees 提出并主要由的他的学生 Mathis Wackernagel 完善。生态足迹方法通过估算维持人类的自然资源消费量、同化人类产生的废弃物所需要的生态生产性空间面积大小,并与给定人口区域的生态承载力(biological capacity, BC)进行比较,定量地判断研究区域的可持续发展状态。生态足迹提出后,由于其概念清晰,计算方便,分析结果直观且具有可比性,很快受到各研究机构、国际组织、政府部门乃至社会公众的广泛关注,至今仍是区域可持续发展研究中的重要方法。

生态足迹模型基于生态生产性土地(biologically productive area)而建立,它将各种消费均折算成相应的土地面积,为各类自然资本提供统一的度量基础。在计算中,生态生产性土地根据生产力的大小被分为 6 种土地账户:化石能源用地、耕地、牧草地、林地、建筑用地和水域,并且各类土地的用途在空间上是互斥的。生态足迹模型中的计算分为三步:首先是生态足迹的计算;其次是生态承载力的计算;最后是生态足迹与生态承载力的比较。其计算公式如下:

（1）生态足迹：

$$EF = N \cdot ef = N \sum_{i=1}^{m} \gamma_i c_i + P_i \tag{7-1}$$

式(7-1)中，i 为消费品类型；m 为消费项目数；P_i 为第 i 种消费品的全球平均生产能力；c_i 为第 i 种商品的人均消费量；γ_i 为第 i 种消费品生产土地类型的均衡因子；N 为人口数；ef 为人均生态足迹；EF 为总生态足迹。

（2）生态承载力：

$$BC = N \cdot bc = N \sum_{i=1}^{m} \gamma_i \psi_i e_i + P_i \tag{7-2}$$

式(7-2)中，i 为消费品类型；e_i 为第 i 种消费品生产总量；P_i 为第 i 种消费品生产性土地单位面积产量；ψ_i 为第 i 种消费品生产性土地土地类型的产量因子；bc 为人均生态承载力；BC 为总生态承载力。

（3）生态足迹与生态承载力：

$$ed(er) = bc - ef \tag{7-3}$$

式(7-3)中，ed(er) 表示人均生态赤字(ecological deficit)或人均生态盈余(ecological reserve)。当公式结果为负值时，处于生态赤字；当公式结果为正值时，处于生态盈余。

就全球范围而言，当 EF 大于 BC 时，表明人类对自然资源的过度利用，处于生态赤字；当 EF 小于 BC 时，表明人类对自然资源的利用程度没有超出其更新速率，处于生态盈余。

自 1999 年生态足迹方法被引入国内以来，我国学者通过对中国生态足迹的计算，分析了中国经济发展对自然资源的利用程度和对生态环境造成的影响，考察了中国自然资本的供给能力，进而对中国发展模式和可持续发展现状、各区域可持续发展状态做出了评估。同时，在原有基本模型的基础上，生态足迹方法不断发展为基于综合评价法的生态足迹模型，该模型适用于不同空间尺度的生态足迹研究，是目前应用最多的方法。

2. 水资源生态足迹模型

Wackernagel 的生态足迹模型所描述的 6 种账户均是基于不同土地的生态生产力而划分的。水域作为 6 种土地账户之一，其定义是有生产能力的水面(地表水和海洋)，而将水资源的生产功能仅仅以渔业生产来概括，这是极其狭隘的。水资源在社会经济发展和生态环境保护的任一环节中都不可缺少,为了弥补生态足迹模型中描述水资源生态功能和社会经济功能的局限,同时又能借用生态足迹方法来单独评价水资源承载力,我们可以建立6类土地账户以外的第7类账户——水资源用地账户。

由于水随时间和空间分布的差异性和不一致性,因此水资源用地不能同耕地、林地一样定义,可以认为水资源在一定的区域(流域、省市)内均匀分布,即单位土地面积上的水资源量(平均产水模数)是相同的。可以看出,水资源用地面积内概括了其他各类型土地,是虚拟土地类型。水资源转换成土地面积后和其他各个账户一样只是一个抽象数值,丧失了描述水资源量的能力。

借鉴综合法的生态足迹模型,可以建立水资源生态足迹模型,以评价某一地区水资源的可持续利用状况。基于生态足迹理论的水资源生态足迹、水资源承载力和水资源生态赤字(盈余)的计算方法如下:

(1)总水资源生态足迹(平方千米):

$$\mathrm{EF_w} = N \cdot \mathrm{ef_w} = N \cdot \gamma_w \cdot w/P_w = \gamma_w \cdot W/P_w \qquad (7\text{-}4)$$

式(7-4)中,$\mathrm{EF_w}$ 为总水资源生态足迹(平方千米);N 为人口数;$\mathrm{ef_w}$ 为人均水资源生态足迹(平方千米/人):γ_w 为水资源的全球均衡因子;w 为人均消耗水资源量(立方米);W 为消耗的水资源量(立方米);P_w 为世界水资源平均生产能力(立方米/平方千米)。

(2)水资源承载力(平方千米):

$$\mathrm{BC_w} = N \cdot \mathrm{bc_w} = N \cdot \gamma_w \cdot \psi_w \cdot w'/P_w' = 0.4 \cdot \gamma_w \cdot \psi_w \cdot W/P_w' \quad (7\text{-}5)$$

式(7-5)中,$\mathrm{BC_w}$ 为水资源承载力(平方千米);$\mathrm{bc_w}$ 为人均水资源承载力(平方千米/人);N 为人口数;γ_w 为水资源的全球均衡因子;ψ_w 为区域水资源用地的产量因子;w' 为区域人均消耗水资源量(立方米);P_w' 为区域水资源平均生产能力(立方米/平方千米)。0.4 为水资源合理开发利用率,因为根据研究结果,一个国家或地区的水资源开发利用率若超过30%—40%,可能引起生态环境的恶化,因此水资源承载力的计算必须至少扣除60%,以用于维持生态环境。

(3)人均水资源生态赤字(盈余):

$$\mathrm{ed_w(er_w)} = \mathrm{bc_w} - \mathrm{ef_w} \qquad (7\text{-}6)$$

式(7-6)中,$\mathrm{ed_w}(\mathrm{er_w})$ 表示人均水资源生态赤字或人均水资源生态盈余。

当公式结果为负值时,处于水资源生态赤字;当公式结果为正值时,处于水资源生态盈余。

3. 模型中参数的确定

(1) 产量因子

在生态足迹模型中,由于同类生态生产性土地的生产力在不同地区之间存在差异,因此各地区间同类生态生产性土地的实际面积不能直接对比,不同地区的水资源用地账户也存在同样的问题。解决的办法是引入一个将各地区同类生态生产性土地(水资源用地)转换成可比面积的参数——产量因子。某一地区的水资源产量因子为该区域平均水资源生产能力与世界平均水资源生产能力的比值。

在水文学中,平均产水模数的概念为计算时段内地表水资源量与地下水资源量中扣除重复计算量除以计算区域的面积,计算公式如下:

$$p = V/S \tag{7-7}$$

式(7-7)中,V 为计算时段内区域的水资源总量(立方米);S 为计算区域的面积(平方千米);p 为计算时段内的平均产水模数(立方米/平方千米)。可以用多年平均产水模数来表示区域或世界平均水资源生产能力。文献资料显示,世界多年平均产水模数为 31.4 万立方米/平方千米。水资源在不同国家和地区分布不均匀,各国家和地区的多年平均产水模数和水资源产量因子均有差异,部分数据资料如表 7-1 所示。

表 7-1　部分国家的多年平均产水模数和水资源产量因子

国家	水资源总量 (亿立方米)	平均产水模数 (万立方米/平方千米)	水资源 产量因子
巴西	51 912	60.9	1.94
加拿大	31 220	31.3	1.00
美国	29 702	31.7	1.01
印度尼西亚	28 113	147.6	4.70
中国	28 124	29.5	0.94
印度	17 800	51.4	1.64
日本	5 470	147.0	4.68
世界平均	46 800	31.4	1.00

资料来源:范晓秋. 水资源生态足迹研究与应用[D]. 河海大学,2005:20.

（2）均衡因子

在生态足迹模型中,由于各类生态生产性土地的生产力差异较大,为了使生态足迹与生态承载力在不同土地账户(包括水资源用地)之间的计算结果转化为可以比较的面积,有必要引入一个将各类生态生产性土地面积标准化的参数——均衡因子。某类生态生产性土地面积的均衡因子等于世界范围内该类生态生产性土地面积的平均生态生产力与全球所有各类生态生产性土地面积的平均生态生产力之比,计算公式如下:

$$\gamma_i = P_i/P \tag{7-8}$$

式(7-8)中,P_i 为某一类生态生产面积的平均生产力,P 为全球所有各类生态生产面积的平均生产力,γ_i 为对应于 P_i 的均衡因子。各类土地均衡因子的估算值如表7-2所示。

表7-2   各类土地均衡因子的估算值

土地类型	Chambers[a]	WWF[b]	WWF[c]	EU[d]
化石能源用地	1.17	1.78	1.35	1.66
耕地	2.83	3.16	2.11	3.33
林地	1.17	1.78	1.35	1.66
草地	0.44	0.39	0.47	0.37
建筑用地	2.83	3.16	2.11	3.33
水域	0.06	0.06	0.35	0.06
水资源用地	6.67	7.78	5.19	8.20

注:a. Chambers N. et al. Sharing nature's interest Earthscan London 2002.
b. World Wide Fund for Nature Living Planet Report 2000.
c. World Wide Fund for Nature Living Planet Report 2002.
d. EU Evological Footprint, STOA 2002.
资料来源:范晓秋. 水资源生态足迹研究与应用[D].河海大学,2005:26—28.

本书为了与 Wackernagel 的生态足迹计算模型统一,将选取根据 WWF[c] 确定的水资源均衡因子作为计算值。

二、北京水资源承载力的计算

根据上述水资源生态足迹模型,北京水资源生态足迹与水资源承载力的计算需要获取北京市水资源量、用水量、人口数量等数据。整理分析北京市历年统计年鉴和水资源公报中相关内容(见表 7-3 和表 7-4),以进行北京水资源承载力的计算。在用水量方面,其中有一部分来自再生水和外调水(南水北调),反映了人工控制用水量的能力,本书认为水资源生态足迹计算中的水资源消耗量应将再生水和外调水从实际用水量中扣除。

表 7-3　2001—2013 年北京水资源量分析

年份	人口（万）	地表水资源量（亿立方米）	地下水资源量（亿立方米）	重复计算量（亿立方米）	水资源总量（亿立方米）	人均水资源量（立方米/人）
2001	1 385.1	7.8	15.7	4.3	19.2	139.7
2002	1 423.2	5.3	14.7	3.9	16.1	114.7
2003	1 456.4	6.1	14.8	2.5	18.4	127.8
2004	1 492.7	8.2	16.5	3.3	21.4	145.1
2005	1 538.0	7.6	15.6	0.0	23.2	153.1
2006	1 601.0	6.7	15.4	0.0	22.1	141.7
2007	1 676.0	7.6	16.2	0.0	23.8	148.1
2008	1 771.0	12.8	21.4	0.0	34.2	205.5
2009	1 860.0	6.8	15.1	−0.1	21.8	117.2
2010	1 961.9	7.2	15.9	0.0	23.1	117.7
2011	2 018.6	9.2	17.6	0.0	26.8	132.8
2012	2 069.3	18.0	21.6	−0.1	39.5	191.0
2013	2 114.8	9.4	15.4	0.0	24.8	117.3

资料来源:《北京市统计年鉴》(2002—2014)。

表 7-4　2001—2013 年北京用水量分析

年份	生产用水量（亿立方米）	生活用水量（亿立米）	环境用水量（亿立方米）	再生水量（亿立方米）	南水北调水量（亿立方米）	总境内用水量（亿立方米）	人均境内用水量（立方米/人）
2001	26.6	12.4	0.3	0.0	0.0	38.9	283.0
2002	23.0	11.6	0.8	0.0	0.0	34.6	246.5
2003	22.2	13.0	0.6	2.1	0.0	33.7	234.1
2004	21.2	12.8	0.6	2.0	0.0	32.6	221.0
2005	20.0	13.4	1.1	2.6	0.0	31.9	210.5
2006	19.0	13.7	1.6	3.6	0.0	30.7	196.8
2007	18.2	13.9	2.7	5.0	0.0	29.8	185.4
2008	17.2	14.7	3.2	6.0	0.7	28.4	170.6
2009	17.2	14.7	3.6	6.5	2.6	26.4	142.0
2010	16.5	14.7	4.0	6.8	2.6	25.8	131.5
2011	15.9	15.6	4.5	7.0	2.6	26.4	130.8
2012	14.2	16.0	5.7	7.5	2.8	25.6	123.8
2013	14.2	16.3	5.9	8.0	3.5	24.9	117.8

资料来源:《北京市水资源公报》(2001—2013) 和《北京市统计年鉴》(2002—2014)。

北京的土地面积为 1.641 万平方千米,多年平均降水量(1956—2000 年)为 585 毫米,形成多年平均水资源总量 37.4 亿立方米。可计算出北京多年平均产水模数 PW′ 为 22.79 万立方米/平方千米,水资源产量因子 ψ_w 为 0.73。

将数据与参数代入水资源生态足迹模型,可生成 2001—2013 年北京人均水资源生态足迹和人均水资源承载力,如表 7-5 所示。

表 7-5　2001—2013 年北京人均水资源生态足迹与人均水资源承载力

年份	人均水资源生态足迹(平方米/人)	人均水资源承载力(平方米/人)
2001	4 677.6	923.6
2002	4 074.3	758.3
2003	3 869.4	844.9
2004	3 652.8	959.3
2005	3 479.3	1 012.2
2006	3 252.8	925.6
2007	3 064.4	979.2
2008	2 819.8	1 358.7
2009	2 347.1	774.9

（续表）

年份	人均水资源生态足迹（平方米/人）	人均水资源承载力（平方米/人）
2010	2 173.5	778.2
2011	2 161.9	878.0
2012	2 046.2	1 262.8
2013	1 947.1	775.5

三、北京水资源承载力评价指标分析

（一）水资源生态赤字（盈余）

水资源生态足迹反映人类活动对水资源的消费情况,水资源生态承载力反映自然能够为人类提供的水资源情况,两者可直接比较而且其结果可反映一个地区的水资源承载力情况。2001—2013 年北京人均水资源生态足迹与人均水资源承载力的动态变化(见图 7-1)显示北京处于水资源生态赤字状态,即 2001—2013 年北京人均水资源生态足迹呈下降趋势,而人均水资源承载力整体小于人均水资源生态足迹,且有一定的变动幅度。

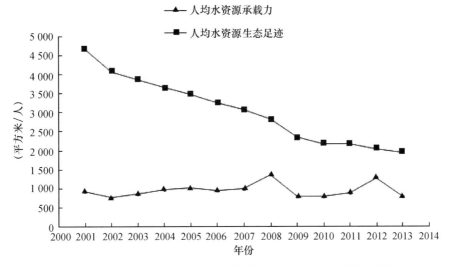

图 7-1　2001—2013 年北京人均水资源生态足迹与人均水资源承载力

（二）水资源生态压力指数

把人均水资源生态赤字(盈余)作为用来比较的评价指标,不能完全反映区域间水资源的可持续利用情况,以及生态环境所承受的压力强度的相对大小。为此,引入水资源生态压力指数来解决这一问题,其定义为,某一国家或地区人均水资源生态足迹与人均水资源承载力的比率,计算公式为：

$$EPI_W = ef_W/bc_W \tag{7-9}$$

式(7-9)中, EPI_W 为水资源生态压力指数。根据任志远等的等级划分标准, $EPI_W < 0.5$ 时,该区域水资源开发利用处于安全状态; $0.5 \leqslant EPI_W < 0.8$ 时,处于较安全状态; $0.8 \leqslant EPI_W \leqslant 1.0$ 时,处于临界状态; $EPI_W > 1.0$ 时,处于不安全状态。

2001—2013 年北京水资源生态压力较大,虽然生态压力指数整体波动较大,有下降趋势,但其值在 1.5—6.0 的范围内,明显大于 1.0,说明北京近年来水资源开发利用处于极不安全的状态(见图 7-2)。

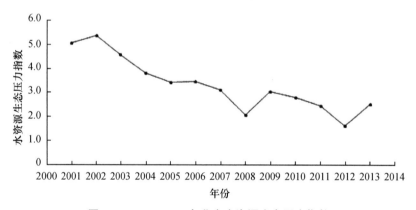

图 7-2　2001—2013 年北京水资源生态压力指数

（三）水资源承载人口数

结合水资源生态足迹模型可以推算出水资源承载人口数,即某一国家或地区的水资源生态承载力与人均水资源生态足迹的比值。其计算公式为：

$$N_W = BC_W/ef_W \tag{7-10}$$

式(7-10)中,N_w 为水资源承载人口数。取 2001—2013 年北京水资源承载力和人均水资源生态足迹的平均值分别为 BC_w 和 ef_w,可以推算出水资源承载人口数。从结果可以看出,2001—2013 年北京水资源承载人口数有上升趋势,但与实际人口数相比仍差距较大(见图 7-3)。

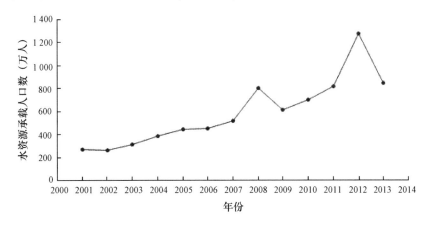

图 7-3　2001—2013 年北京水资源承载人口数

本 章 结 语

随着人口的增加和经济的快速发展,北京地区的水资源到底能支撑多大规模的人类活动,就成为制定北京市发展规划和目标的基本尺度和指标。本章运用水资源生态足迹模型,对北京近年来的水资源可持续利用情况进行评价分析,以此为北京增长模式的选择提供依据和基础。2001—2013 年北京人均水资源生态足迹呈下降趋势,而人均水资源承载力整体小于人均水资源生态足迹,且变动幅度较大。通过评价指标分析发现,北京近年来处于水资源生态赤字状态,生态压力指数多明显大于 1.0,水资源开发利用极不安全,水资源承载人口数远小于实际人口数。再生水和外调水反映了人工控制用水量的能力,随着两者在水资源消耗来源中的增加,北京水资源支撑人口数量和社会经济发展规模的能力也会增强。

参 考 文 献

［1］William, E. R. Revisiting carrying-capacity：Area-based indicators of sustainability［EB/OL］. http//www. di. eoff. com/page/110. htm. 1997.

［2］施雅风,曲耀光. 乌鲁木齐河流域水资源承载力及其合理利用［M］. 科学出版社, 1992.

［3］程国栋. 承载力概念的演变及西北水资源承载力的应用框架［J］. 冰川冻土, 2002, 24(4):361—367.

［4］封志明,刘登伟. 京津冀地区水资源供需平衡及其水资源承载力［J］. 自然资源学报, 2006,21(5):689—699.

［5］段春青,刘昌明,陈晓楠,柳文华,郑红星. 区域水资源承载力概念及研究方法的探讨［J］. 地理学报, 2010,65(1):82—90.

［6］Wackernagel, M., N. B. Schulz, D. Deumling, A. C. Linares, M. Jenkins, V. Kapos, C. Monfreda, J. Loh, N. Myers, R. Norgaard, and J. Randers. Tracking the ecological overshoot of the human economy. Proceedings of the National Academy of Sciences of the USA, 2002, 99(14): 9266—9271.

［7］刘某承,王斌,李文华. 基于生态足迹模型的中国未来发展情景分析［J］. 资源科学, 2010,32(1).

［8］Wackernagel, M., and W. Rees. Perceptual and structural barriers to investing in natural capital：Economics from an ecological footprint perspective［J］. Ecological Economics, 1997, 20: 3—24.

［9］Wackernagel, M., et. al. National natural capital accounting with the ecological footprint concept［J］. Ecological Economics, 1999, 29: 375—390.

［10］Hardi, P., et. al. Measuring sustainable development：Review of current Practices. Occasional paper number 17. November 1997(IISD), 1—2, 4—51.

［11］李金平,王志石. 澳门 2001 年生态足迹分析［J］. 自然资源学报, 2003,18(2): 197—203.

［12］Coppi, R., and F. Zannella. L'Analisi Fattoriale di una Serie Temporale Multipla Relativa allo Stesso Insieme di Unità Statistiche［R］. XXIX Meeting of the Italian Sta. Soc, Bologna, 1978: 61—79.

［13］张中旺. 南水北调中线工程与汉江流域可持续发展［M］. 长江出版社, 2007.

第8章　北京增长模式对水资源投入的依赖与对策

一、我国区域增长模式对资源的依赖特征

（一）经济增长方式观察

近年来,国际上探讨增长方式的差异时,往往不是把中国作为一个整体来加以比较,而是把中国的某个区域同欧洲的一个国家相比较。比如,在探讨中国经济成长时,就用长三角地区的经济增长与英国发展相比较。他们认为,首先,欧洲大陆的主部由十几个国家构成,虽然亚洲大陆比欧洲大陆大,但主部基本是中国一家独大,参照性低;其次,探讨要素构成的增长方式时,中国的政治疆界和区域疆界的重合度并不像欧洲大陆那样高。为此,将中国经济增长划分为不同的增长方式以显示不同的经济增长程度,这是合理的;将中国区域经济增长同其他国别经济比较也就成为合理的必然。

根据经济增长理论,增长来源于生产要素投入量的增加或生产要素使用效率的提高。由此可得知,经济增长方式就是实现经济增长的要素组合方式,或者是增长过程中要素投入和要素生产率提高的构成方式。

按照这一理解,经济增长可划分为两类:外延式经济增长和内含式经济增长。前者主要是指技术条件不变,简单地将现存经济中的单元在数量上复制来实现 GDP 增长;后者是创新经济技术,通过要素优化和制度变迁实现 GDP 增长。近几十年经济发展的事实表明,内含式增长中的最优级别是普罗米修斯式的增长。该增长的意义在于一个或一群突破性技术出现,更新了人类的生产方式,就像罗马神普罗米修斯将火带给了人类,从而使人类从巢居和穴居转入更高

一级的农耕居住一样。因此,我们认为经济增长方式应讨论要素构成方式所引致的动力学机制、增长的路径和增长的后果,这正好对应于我们日常所理解的增长的原因、增长的过程和增长的福利分析等内容。

(二) 两三角地区与泛渤海地区经济及其增长方式

长三角地区的面积约为5万平方千米,人口为7300万。珠三角地区的面积为4.2万平方千米,人口为2500万。泛渤海地区由辽宁、河北、北京、天津和山东等省市的结合区形成,面积约为8万平方千米,人口约为8000万(该区域的面积和人口尚无统计资料,作者根据环渤海地区城市数据推算出近似值)。

改革开放以来,珠三角地区凭借优越的区位条件和国家的优惠政策,通过吸引外资,发展出口加工业,推动了制造业的飞速发展,形成了加工产业的集群优势。20世纪90年代以后,长三角地区利用良好的区位条件,吸引外资和发展民营经济并重,形成了制造业和高新科技产业并进的产业格局。环渤海地区依托早年国家投资积累的重制造和重化工基地,借助90年代后期国内外市场拓展形成了重制造、加工制造和日用制造集聚的完备产业格局。表8-1反映了三者的成长指标。

表8-1 两三角及京津唐地区主要经济指标

区域	年份	GDP (亿元)	三次产业增加值(亿元)			产业结构(%)			人均 GDP (元)
			第一产业	第二产业	第三产业	第一产业	第二产业	第三产业	
长三角	2002	19 124.98	1 112.72	9 919.47	8 092.90	5.8	51.9	42.3	25 262
	2003	22 803.32	1 126.89	12 414.79	9 261.64	5.0	54.4	40.6	29 973
	2004	28 775.42	1 324.66	16 073.39	11 377.36	4.6	55.9	39.5	35 040
珠三角	2002	9 565.30	536.10	4 716.57	4 312.72	5.6	49.3	45.1	31 697
	2003	11 453.10	547.84	5 962.10	4 943.16	4.8	52.1	43.2	36 797
	2004	13 572.24	596.84	7 233.15	5 742.25	4.4	53.3	42.3	42 499
京津唐	2002	8 995.06	791.25	3 903.93	4 299.79	8.8	43.4	47.8	15 070
	2003	10 373.47	916.80	4 727.50	4 828.78	7.9	45.6	46.5	17 335
	2004	14 118.51	1 203.64	6 671.43	6 245.87	8.5	47.3	44.2	20 263

（续表）

区域	年份	全社会固定资产投资总额（亿元）	社会消费品零售总额（亿元）	进出口总额（亿美元）	出口（亿美元）	实际利用外资（亿美元）	比上年增长（%）			
							全社会固定资产投资总额	社会消费品零售总额	出口	实际利用外资
长三角	2002	7 626.25	6 246.93	1 752.17	923.9	178.5	40.2	11.4	25.0	—
	2003	10 589.08	6 923.75	2 737.00	1 386.8	255.7	38.9	10.8	50.1	43.3
	2004	13 637.93	8 258.93	4 012.56	2 083.0	298.2	24.3	14.9	47.4	15.6
珠三角	2002	2 945.74	3 546.83	2 118.65	1 126.0	150.2	12.7	11.5	24.0	
	2003	3 749.44	4 048.28	2 713.87	1 451.3	169.3	27.3	14.1	28.9	12.7
	2004	4 522.48	4 598.69	3 420.99	1 824.2	121.9	20.6	13.6	25.7	—
京津唐	2002	3 676.67	3 636.46	820.03	288.0	60.9	13.6	12.0	19.1	—
	2003	4 603.96	4 234.65	1 068.14	371.6	48.5	25.2	16.4	29.0	—
	2004	6 370.18	5 212.38	1 502.09	487.9	71.8	23.4	11.1	26.7	40.6

资料来源：《2004—2005：中国区域经济发展报告》《2005—2006：中国区域经济发展报告》。

从 GDP 看，长三角地区的经济规模与珠三角地区和京津唐地区之和相当。2004 年，长三角地区的 GDP 为 28 775.42 亿元，珠三角地区为 13 572.24 亿元，京津唐地区为 14 118.51 亿元。

从人均 GDP 看，2004 年，珠三角地区的人均 GDP 为 42 499 元，长三角地区为 35 040 元，京津唐地区为 20 263 元。从三次产业比重看，三个地区均以第二、第三产业为主，但三个地区中，长三角地区第二产业所占比重最高，2004 年三次产业的比重为 4.6∶55.9∶39.5；珠三角地区三次产业的比重为 4.4∶55.3∶42.3；2004 年京津唐地区三次产业的比重为 8.5∶47.3∶44.2。

从总需求看，在投资和消费方面，从高到低的排序为长三角地区、京津唐地区、珠三角地区；在出口方面，长三角地区和珠三角地区的出口额较高，2004 年分别达 2 083.06 亿美元、1 824.29 亿美元，而京津唐地区最低，2004 年出口额仅为 487.9 亿美元。对比可得，长三角地区、珠三角地区是出口导向经济，而京津唐地区的出口导向特征不明显。

概括起来，两三角地区和泛渤海地区采用的技术进步路线——或者说，它们的发展模式是新、港、澳、台、日、韩(新加坡、中国香港、中国澳门、中国台湾、日本与韩国)等地的经济增长模式在中国沿海和近海的复制:大量进口原料,加工一道或数道工序,变成零件、部件、半成品或总装品出售,通常称为"两头在外,中间加工"的车间生产模式。两三角地区和泛渤海地区简单复制"新港澳台日韩"经济体模式,创新性少,附加值低,资源消耗大,因此我们不能将两三角地区和泛渤海地区的增长归类为"普罗米修斯"式的内含经济增长。

(三)两三角地区与泛渤海地区增长方式对资源的依赖特征

两三角地区与泛渤海地区所采用的发展模式决定了它们对劳动、资本、土地、矿产、水等各种资源的需求特征。对于劳动资源,两三角地区与泛渤海地区的发展模式使得劳动密集型产业快速发展,需要大量的劳动力投入。在中国,劳动力资源应该是丰裕的,但最近一两年来,两三角地区与泛渤海地区频频出现"民工荒",依赖"两头在外,中间加工"的生产方式,厂家数量在同一技术水平面上的"复制式"拓展必然引起对劳动资源的依赖。

对于资本资源,从全社会固定资产投资总额的数据来看(见表8-1),长三角地区最高,京津唐地区次之,珠三角地区最低;从对外资的利用来看,长三角地区最高,京津唐地区次之,珠三角地区最低。由于两三角地区与泛渤海地区近些年经济快速发展,对城市用地、开发区、工业企业用地、农村居民点用地的需求不断地增长。两三角地区与泛渤海地区的土地供给是有限的,如果按现在的趋势发展下去,土地形势会变得越来越严峻。近年来,两三角地区与泛渤海地区的耕地大量减少。

更有甚者,两三角地区与泛渤海地区"两头在外,中间加工"的增长模式决定了它们对水资源的高需求。车间加工的生产过程不仅对水资源严重依赖,而且污染程度高。首先,车间经济的用水特点是一次性用水,工业用水后很难净化到生活用水的纯度。同时,加工过程的许多用水方式,例如化学漂洗等过程,使得这一部分水即便经过处理后,基本上也无法以高纯水的成本可控的形式再投入使用。其次,车间经济用水规模巨大。虽然和农业漫灌用水相比,车间用水量屈居次位,但是和旅游、演艺、数据处理及会展经济相比,仍然是一个用水大户。最后,车间经济用水的污染程度高。农业牲畜和家庭用水对水的污染大多数是有机排泄物的污染,而工业用水很多是无机化学物质及小分子有机化合物的污染,一次性使用后,净化的成本非常高。

二、"瑞士发展模式"及对水资源依赖的启示

(一) 两三角模式是对"新港澳台日韩"经济体模式的复制

两三角模式是对 20 世纪 70—90 年代成功的"新港澳台日韩"经济体模式在亚洲大陆主部(中国大陆沿海和近海地区)的一个复制。新、港、澳、台、日、韩均处在岛屿和半岛屿地区,地理腹地到海岸线不过 4—5 个小时高速公路的路程,适合大工业时代的制造经济。近海运输是陆地运输成本的 1/10 左右,远洋运输成本则更低,而技术进步路线选择偏向于制造业具有成本比较优势的地区。新加坡和中国台湾地区虽然不是自然资源和原材料生产地,也不是制造业产品消费中心,但是海洋运输优势使得两者可以规避原料输入和产品售出上的劣势,从而具备制造业竞争力。同理,在广州和上海制造汽车,其原材料购入和成品售出以各自为中心画圆,也都处在近海大陆区域。购入零配件和销售成品汽车,远非地处深山的湖北十堰地区或者云南昆明地区可比。新、港、澳、台、日、韩通过贸易从外地进口原料或初级制成品,在当地加工一个或多个工艺环节,然后售出半成品或成品。这种"两头在外,中间加工"的模式自然而然地会集聚或集群,从而形成集中生产的大车间经济。而珠三角地区的东莞和长三角地区的苏州也都处在大陆近海地区,过去二十多年的发展与新、港、澳、台、日、韩地区的技术、资金和管理团队具有千丝万缕的联系。不难看出,两者都具有浓厚的"两头在外,中间加工"的影子。

(二)"新港澳台日韩"经济体模式是对欧洲平原大陆与近海及岛屿地区发展模式的复制

从经济发展的历史上看,"新港澳台日韩"经济体模式并不是这六个地区的原创。在渊源上,其更像是对欧洲平原大陆与近海及岛屿地区(英、德、法、意、

卢、比、荷)经济发展模式的复制。其实,"两头在外,中间加工"的模式,在 20 世纪 70 年代以前就在欧洲大陆及其岛屿区域发展起来了。早年,英国进口欧洲大陆的原材料,生产化工和制造业产品。后来,海岛地区的运输在很多重化工业领域不具备优势,因为更大的消费中心在欧洲大陆。物流与调度、供应链系统和整合信息技术使得汽车生产和重化工生产在欧洲大陆更为节约。英国的飞机制造、劳斯莱斯汽车制造、路虎汽车等纷纷被欧洲大陆兼并,就是典型的例子。

欧洲大陆岛屿和近海平原地区在过去一个世纪对人类经济的贡献是继承了工业革命的早年成果。一些原来只能在大的联合企业中才能出现的工业消费品,如空调制冷产品和计算机等,现出现在了一家一户中。比较起来,我国几个平原近海地区、岛屿和半岛地区构成的东南沿海区域,非常类似上述七个国家。从这种意义上说,两三角模式的"祖师爷"在欧洲。

(三) 瑞士模式:经济发展的第三种选择

欧洲大陆平原及岛屿地区的发展模式是否就是欧洲大陆各国经济发展的唯一选择呢? 瑞士人给出了另一个答案。瑞士地处欧洲内陆,没有一公里的海岸线,不仅不在交通枢纽地区,而且多山。在欧洲平原地区的工业经济高速发展时,如果简单模仿欧洲平原地区,比如,当法国人和德国人在亚尔萨斯和法兰克福之间搞"煤钢联营"时,如果瑞士人也加入这个联营过程,将自己山脚下的煤运往法兰克福炼钢,显然是将自己放在了成本劣势的地位上。瑞士选择了钟表等精工制造。精工制造的技术进步路线成功地帮助瑞士规避了大工业时代的运输成本劣势,还促使与精密工具制造相关联的医疗器械、医药分离和提纯、生命科学技术和蛋白质的三维构造制药相结合等方面,走在了欧洲各国的前列,找到了自己的增长方式定位。

瑞士经济作为一种模式,不仅在精密工具制造、蛋白质三维构造制药等方面成功地规避了运输成本劣势,而且发展起来的整个主导产业群,都与瑞士的地理区位及资源所允许的技术进步路线相匹配。比如,瑞士人突破自己地理疆界狭小的局限而发展了雀巢等跨国集团,雀巢产品的生产可以在世界任何地方设置加工车间,瑞士人提供的是品牌、信用和管理技术,这和我国明清时代地处内陆的徽商在整个中国大陆发展了营销网络技术是何等相像! 瑞士人还发展了金融产业,保管着世界 3/4 的私人长期储蓄,瑞士保险业拥有世界排名前三的大企业,这和我国明清时代地处内陆的晋商在整个中国大陆发展票号的技术进步路线何等类似!

但遗憾的是,过去几十年中,山西在各种因素的综合作用下,丢掉了干干净净、环境优雅的金融保险产业的发展选择,而是让"傻、大、黑、粗"的产品出现在世人面前。还有,安徽同样将徽商的桂冠让给了江浙地区,丢掉了自己的传统优势,在无奈之下,只得向保姆和打工仔的生产方式转变。但也有一些地区,如云南和河北的旅游与中药、湖南的出版集团和卫星电视等,在自己的产业发展中,"不自觉"地走上了"瑞士技术进步路线"。

瑞士经验表明,一两个产业具有和本地资源匹配的技术进步路线还不足以成为一种模式,必须是经济中的主导产业群和本土经济资源所内含的技术进步路线相耦合,形成一股强大的正外部性,才可以和沿海岸线经济区的发展相匹敌。

(四)中国适合瑞士发展模式的区域群落

从国际比较来看,地区发展模式可分为以新、港、澳、台、日、韩经济体为代表的制造业出口导向型模式、以加拿大及澳大利亚为代表的资源深加工模式、以瑞士为代表的内陆服务业发展模式等。而世界各地学习瑞士模式已经近一个世纪。19 世纪中后期,美国加利福尼亚(以下简称"加州")的淘金热是一部分人异想天开的一场闹剧,但是随后洛杉矶地区发展好莱坞"经济技术开发区"就是一个创造。比如,加州的缺水现象比中国任何一个城市都要严重,如果搞冶金和制造一定是自掘坟墓,而电影摄制产业规避了这一劣势,整个电影生产过程消耗的水分恐怕就是演员喝的饮用水。沿着电影摄制产业派生出了好莱坞奥斯卡会展经济,会展经济派生了旅游、主题餐馆、音像产品制造与租用等全国性总部经济。又如,加州具有典型的地中海气候,夏季的雨水比欧洲同类型气候要少得多,没有夏秋雨季造成的病害,非常适合种植葡萄,因此加州成为美国高档葡萄酒的主要基地之一。还有类似于内华达州的拉斯维加斯这些另外一种极端意义上的瑞士模式例子数不胜数。实际上,旧金山、洛杉矶、拉斯维加斯、华盛顿特区、波士顿、亚特兰大和奥兰多都是瑞士模式的好学生。

当然,学习瑞士模式不是要摒弃两三角模式,而是说不同地区复制同一发展模式时,在成本上会有所不同。一味地照搬两三角模式,恐怕不是增加收益而是增加成本。中国广阔的中西部地区根本无法全面复制温州模式和苏州模式,而瑞士模式则值得借鉴。瑞士的地理特点决定了它绕开了成本高的重化工业之路,发展旅游、金融保险和精工制造等产业,实现了国强民富,成为欧洲乃至世界人均收入最高、人居条件最好的地区之一。

三、北京增长模式对水资源投入的依赖与对策

(一) 案例分析:北京增长路径及发展模式

1. 北京是两二角地区与泛渤海地区中最接近瑞士模式的城市

由于其地理位置、历史积淀和政府选择,北京天然是瑞士模式的发展沃壤。其两三角模式的发展部分,应该让给沿海姐妹城市——天津来完成。由于全面工业化国策和 GDP 增长的动机,北京第一产业份额自 1996 年以来下降很快,迅速由 5.2% 下降到 1.2% ,这一份额比美国的相同数字还要低。但第二产业却顽强地保持了较高的份额,仅由 42.3% 下降为 28.7%。尽管如此,第三产业实现了快速增加的势头,由 52.2% 上升到 70%。虽然制造业在近年的年度数字成为北京 GDP 增长的主导力量,但在更长的一个时间跨度里,以百分比构成的产业结构变化却指向了瑞士模式的选择,诱致性制度变迁(induced institutional transition)的力量仍起着作用。

2. 从产业结构来看,北京是我国最接近瑞士模式的城市

十多年来人口和城市的爆炸式成长,以及工业份额下降缓慢,导致了水资源短缺成为一大问题。但由于服务业成长强劲,水资源瓶颈并没有给北京成长造成灾难性后果。如果采纳"两头在外,中间加工"的大进大出生产方式,北京地区年仅 23 亿立方米的淡水资源很可能无法满足这种增长方式对水的需求,使得可持续增长出现问题。

（二）瑞士发展模式是北京水资源状况下的刚性诉求

北京地处华北平原的北端,全市面积为 16 808 平方千米,市区没有较大的河流穿过,境内多年平均降水量为 585 毫米,是世界上严重缺水的城市。按联合国规定的人均水资源丰水线(3 000 立方米/人)和警戒线(1 700 立方米/人),以北京 2013 年的水资源总量计,北京市水资源量的承载能力为:最佳人口规模 130 万人,最大人口规模 232 万人。

1978 年北京人口为 872 万人,截至 2012 年年末全市户籍人口为 1 297.5 万人,全市常住人口为 2 069.3 万人。北京市 1999—2013 年平均水资源量只有 21 亿立方米,人均水资源量不足 150 立方米,约占全国人均数据的 1/20,世界人均数据的 1/80,是一个超极度缺水的城市。

显然,水资源现状要求北京转变经济增长方式,而 GDP 驱动的增长方式又和北京向瑞士模式的转变相冲突。

北京地区水资源的变化契合了增长模式变化的这一矛盾状态。一方面,北京的总用水量自 1988 年以来一直是下降的。这不是技术进步带来的用水节约,而是增长方式帮了北京的大忙。2012 年,北京人均用水量仅为 123.8 立方米,远远低于全国平均水平。另一方面,北京农业和工业用水持续下降。生活用水量与生态用水量总的来看处于上升态势。所以走向更加节水的瑞士增长模式,能帮助北京摆脱增长方面的困境。

（三）水资源生态文明与北京的未来

上述理论与案例分析表明,不同的增长方式对水资源的依赖程度不同。相比之下,瑞士增长模式比两三角模式对水资源的依赖程度要低。这种用水方式和节水型农业,依靠的是更精准地输送水源、减少浪费,以及循环用水工业,依靠的是水的多次使用以弥补水源供给不足。增长模式的转变,不是传统意义上的节约用水,而是在单位产品生产过程中减少对水资源的投入。

这一发现对我国 400 多个严重缺水城市的可持续发展有重要的借鉴意义。转变增长方式,在减少对水资源依赖程度的同时,首先可以获得高速度的 GDP 增长和实现高人均 GDP,其次可以减少因增长给环境带来的污染压力。环境因生产用水减少而加大了植被和森林的水源涵养,使得水资源循环系统得到一定程度的修复。环境的恢复又可以为瑞士模式的发展提供前提条件。

中国整体的经济区域构成中,和美国相比,瑞士模式的选择太少了。中国推行瑞士模式的试点应该在昆明、长沙、南昌、澳门、珠海、泉州、贵阳、湖州、合肥、北京、承德、烟台、秦皇岛等城市中选择。云南从某种意义上说就是"亚洲大陆的瑞士",没有海岸线、多山、交通不便。早前云南也是中国的一个重要制造基地,但运输和流通的高成本制约了制造业的发展。几十年来,人们并没有刻意去改变云南的产业结构,但现在市场选择的结果是,云南的烟草业和旅游业在全国很有实力,而汽车业却始终做不上去,这实际上暗合了瑞士模式的产业结构。

选择瑞士模式不仅是减少对水资源的依赖,更主要的是和当今数字经济发展的趋势相比,瑞士模式更容易和数字处理及网络信息技术相耦合。我国制造业份额过大,瑞士模式经济的份额太小,势必影响自身经济的定价能力,成为物质份额生产的世界车间,但同时因缺乏定价能力,成为人均 GDP 收入的小国。

本 章 结 语

近年来,对于长三角模式与珠三角模式孰优孰劣的讨论不绝于耳。但从零部件或总装品类的批量生产来看,两者都属大车间或流水线式的生产。寻找两三角模式之外的第三种模式,在中国由非均衡区域发展战略向均衡区域发展战略转型的今天更具有现实意义。中国的发展应该走多种模式,让内陆地区完全照搬两三角模式,会因损失效益而影响发展速度。对于一些受资源禀赋及自然环境约束较大的省份,如北京和云南,瑞士的精加工模式以及加州的资源节约模式也许才是真正适合自身的发展模式。综上所述,水资源现状要求北京转变经济增长方式,而 GDP 驱动的增长方式又和北京向瑞士模式的转变相冲突。北京必须转型走向更加节水的瑞士增长模式,方可破解水资源短缺的格局,摆脱经济增长的困境。

参 考 文 献

[1] Pomeranz, K. The Great Divergence：China，Europe，and the Making of the Modern World Economy[M]. Princeton：Princeton University Press, 2000.

[2] Lal，D. The Unintended Consequences, Chapter 1 [M]. Cambridge：MIT Press, 1998.

[3] 景体华. 中国区域经济发展报告：2004—2005[M]. 社会科学文献出版社, 2005.

[4] 景体华. 中国区域经济发展报告：2005—2006[M]. 社会科学文献出版社, 2006.

[5] 曹和平. 瑞士模式：地区经济发展的第三种选择[J]. 决策, 2005,8.

[6] 北京市水务局. 2001—2012 年北京市水务公报.

[7] 北京市水务局,北京市统计局. 北京市第一次水务普查公报 [M]. 中国水利水电出版社, 2013.

[8] 北京市统计局. 北京统计年鉴2014[M]. 中国统计出版社, 2014.

第 五 篇

北京水市场：资源配置意义上的帕累托改进

第9章 水资源的公共品、外部性及优化配置分析

一、水资源特性及配置

（一）水资源特性

水资源是地球上分布最广、数量最大的资源,其存在形式主要有河流、地下水、冰川、湖泊、沼泽、水库和海洋等。水资源特性主要由水的物理、化学和生物特性决定,相对其他资源,水资源主要具有以下特性。

1. 流动无序性

众所周知,水的物态有固态、液态和气态三种,其存在形式主要取决于温度和压强。在地球上,能够为人类利用的水资源常以液态形式分布,因此它具有很强的流动无序性。河川径流和地下径流经过冰川融化或降水形成后,受重力作用,会从地势高的地方流向地势低的地方,以流域或水文地质单元构成一个统一体,每个流域的水资源都是一个完整的水系。另外,流动无序性也是水资源分布不均匀的重要原因。

2. 循环再生性

在太阳辐射和地球引力的作用下,水的物态发生变化,同时从一个地方转移到另外一个地方,形成区域或全球水循环。人类可以利用的水资源伴随永不停歇的水循环反复消耗和补充。水循环包括蒸发、降水和径流等多个环节:蒸发使液态水变成水汽,进入大气并随之运动;降水是大气中水汽液化降落到地面的过程,是水资源产生的最重要源头;径流是水在地球表层的运动,径流量等于降水量和蒸发量的差值。在整个水循环过程中,水资源以不同的形态存在于不同的

环节中,由于每个环节的运动速度不同,因此对应水资源的循环再生周期也不同,具体参考表9-1。

表9-1 中国水资源再生性估算参考

项目		面积 (万平方千米)	储水量		年循环量 (立方千米/年)	交换期 (年)
			(立方千米)	(%)		
液态水	地下水(200米内)	954.3	1 694 000	84.96	700	2 500
	土壤水	826.0	3 355	5.01	3 355	1
	湖泊水(水库)	8.1	821(400)	1.23	51	16
	沼泽水	11.0	50	0.07	10	5
	河流水	851.0	86	0.13	2 600	0.033
气态水	大气水	963.4	163	0.24	6 048	0.027
固态水	冰川	5.9	5 600	8.36	60	93
全国		963.4	1 704 475	100.00	12 824	

资料来源:王中根,夏军,刘昌明,王纲胜.水资源可再生性的量化方法研究[J].资源科学,2003,25(4):31—36.

3. 储量有限性

在历史上,水资源曾被认为是取之不尽、用之不竭的,但随着可用水资源的减少和人们对水资源需求的提高,水资源稀缺已经成为既定事实。虽然水资源具有循环再生性,但在一定时间内水循环过程中的水资源总储量是十分有限的。如表9-1所示,中国陆地面积963.4万平方千米,总储水量为1 704 475立方千米,而年循环量只占0.75%。因此,水循环的过程是无限的,但水资源的储量是有限的。

4. 用途广泛性

人类在生产和生活中广泛利用水资源:在生产中,水资源不仅被用于农业、工业,还用于水运、体育、旅游等第三产业;在生活中,人民消费的大多数商品和服务都包含水资源,尤其是洗浴、洗车、高尔夫等高耗水服务。除此以外,作为人类生存环境的重要组成部分——生态环境,为维持其健康的生命体特征和系统完善性也需要水资源的支撑,如园林绿化、水体景观等。总之,水资源可以满足人类和其他生物多种不同的需求,具有用途的广泛性。

（二）水资源配置方式

1992 年召开的联合国环境与发展大会上通过的《21 世纪议程》中,对水资源的保护与开发利用做了明确说明:"水是生态系统的重要组成部分,水是一种自然资源,也是一种社会物品和有价物品。水资源的数量和质量决定了它的用途和性质。为此,考虑到水生态系统的运行和水资源的持续性,水资源必须予以保护,以便满足并协调人类活动对水的需求。在开发利用水资源时,必须优先满足人的基本需要和保护生态系统。但是,当需要超过这些基本要求时,就应该向用户适当收取水费。"

在前面自然和人然概念的基础上,可以对水资源的需求层次进行划分:自然需水与人然需水。人然需水又可以分为环境需水、生产需水和生活需水。同样的水,可以有不同的用途,满足多种需求。水资源在不同需求下又会产生不同的效益,其中包括生态效益、经济效益、社会效益等,而经济人主要根据经济效益进行行为选择。

水资源的配置要综合考虑可开采并用于供给的水资源的特性与人类对水资源的不同需求,只有将两者优化协调和匹配才能实现水资源的有效配置。市场机制和政府管制是当前主要采用的资源配置方式,可以从人类需求和水资源特性两个角度分情况选择。

从人类需求的角度看,在开发利用水资源时,人类的生存需求是公民满足生存与发展的需要而必需的水量,这部分需求必须无条件满足,不能通过市场解决,每个地区按人口计算的水资源基本需求在水资源配置中必须优先满足;生态系统需求是维持生态系统和水环境而必需的水量,是一种非排他性的公共物品,也应由政府负责提供;生活和生产需求应采用市场机制,因为它涉及工业需水、农业需水等多样化用水,具有竞争性、排他性等私有物品特征。

从水资源特性的角度看,选择配置水资源的有效方式主要取决于是地表水资源还是地下水资源。地表水的流动性导致其排他成本很高,不同流通的水量分配必须由政府来界定,分配后的开采、利用、回收等环节可以采用市场方法调节。地下水资源的可更新性差,跨时期配置是其中的一个重要方面,应在政府调控下重点使用市场来配置。

二、水资源领域中的外部性

（一）外部性理论

一般认为,从马歇尔的"外部性"理论,到庇古的"庇古税"理论,再到科斯的"科斯定理",是外部性理论发展的三块里程碑。最先系统提出外部性理论的是新古典经济学的创始人马歇尔,他于 1880 年在分析厂商和行业经济时提出"外部经济"与"内部经济"的概念。庇古于 1920 年首次使用外部性的概念,并提出边际私人成本(收益)与边际社会成本(收益)的分析工具。之后科斯于 1960 年批判了"庇古税"思路,并提出科斯定理,从产权的角度揭示了资源配置有效的制度条件。

所谓外部性,是指生产或消费活动直接影响其他人(当代或后代)的收益或效用,而没有完全支付或完全补偿的情况。它表述了市场价格机制以外的经济主体之间的相互作用关系,但不包括故意影响其他经济主体福利的情况。

外部性本质上是责任主体与承受主体之间的非价格(支付)产品交易,它对应于一个无价市场。在这个无价市场中,接受产品的一方会因此而获得或失去一定价值,同时他又是价格市场中的一员,因此无价市场会对价格市场中的供给方或需求方产生影响,这种影响表现为使承受主体的生产函数或效用函数增加外部变量,此时价格市场的资源配置相对原帕累托最优状态必然会发生偏离,这是外部性导致资源配置失效的主要原因。

针对外部性问题,庇古和科斯分别从不同角度给出了解决方法。庇古认为外部性价值等于边际私人成本(收益)与边际社会成本(收益)之间的差额,对责任主体按此差额征税或补贴,就可以实现外部性内部化,实际上是以外部性解决外部性的一种方法。科斯通过相互性、产权、交易成本及制度选择,拓展了对外部性的认识及其内部化的途径,并把庇古理论纳入自己的理论框架中。他认为,外部性问题的实质是市场中产权界定不清晰导致的物品市场价格与相对价格的严重偏离,所谓的市场失灵不是真正的市场机制的失败,而是产权没有明确界定的结果。要解决外部性问题,应选择合理的方式来正确度量和界定产权边界。

(二) 水资源特性与外部性

根据科斯的产权理论,外部性导致的资源配置失效的原因并非市场机制的失败,而是产权不清晰引起市场价格不能正确反映资源稀缺性。要实现水资源市场价格等于相对价格的必要前提是清晰界定产权,最有效的方法是通过产权交易实现水资源的产权结构优化。

水资源产权(以下简称"水权")指行为主体对某一水资源具有的所有、使用、占有、处置和收益等各种权利的集合,它的界定与水资源特性密切相关。完善的水权至少要包括两方面:明确的法律定义和明显的排他性。水权是一组权利束,包括水资源的所有权、使用权、交易权、收益权等,为了使水权制度有可操作性,必须在法律上有明确的定义,否则会引起纠纷。为了使水权能够交易,就必须具有明显的排他性。排他性的实现要求在技术上和经济上都可行,当没有实际的技术来对一种水资源进行分割或者控制潜在的使用者进入时,排他在技术上是不可行的;当排他的成本太高时,排他在经济上是不可行的。水权在法律上的明确定义需要政策上的制定和执行上的保障,主要由政府行为来决定,而水权排他性的实现更多地受水资源特性的制约。

总体上来说,水资源的流动无序性和循环再生性相互独立又相互关联,与水权的排他性程度呈负向关系。水资源因流动而形成不可分割的水域系统,因此水资源的流动性越强,系统性越强,排他性越弱。水资源又是液态无序的,使资源的单位接近无限可分,这在一定程度上提高了排他性的程度。但如果水资源单位不可分,其循环再生也很难实现,所以水资源的单位可分性与循环再生性共同反映了对资源系统的可影响程度,从而与水权的排他性程度呈负向关系。因此,相对其他物权,水权具有明显的特殊性,使其排他性的建立存在很多困难。

三、水资源领域中的公共物品

(一) 公共物品理论

Samuelson(1954)给出了公共物品的经典定义:"每个人对这种物品的消费,都不会导致其他人对该物品消费的减少。与之相对应的物品为私人物品(private goods),它是指如果一种物品能够加以分割则每一部分能够分别按竞争价格卖给不同的个人,而且对其他人没有产生外部效果。"根据此定义,可以发现公共物品的两大基本特征:非竞争性(non-rivalness)和非排他性(non-excludability)。非竞争性意为消费者增加引起的社会边际成本为零,即消费者的增加不会影响其他人对该物品的消费利益;非排他性是指公共物品面向全体社会成员,每个人都可以享受同等的消费利益。

现实中,很多物品不是同时具有完全的非竞争性和非排他性,随着研究的深入,人们发现萨缪尔森所划分的公共物品和私人物品实际上处于图 9-1 所示的两个端点 A 和 B:A 点代表私人物品,具有完全的竞争性和排他性;B 点代表萨缪尔森所定义的公共物品,具有完全的非竞争性和非排他性。除此以外,由于现实中的物品种类繁多,还存在很多像 C 点和 D 点的物品,C 点代表的物品具有较强的竞争性和非排他性,而 D 点代表的物品具有较强的非竞争性和排他性,它们常被称为准公共物品。

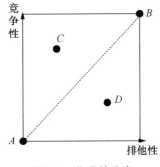

图 9-1　物品的分类

关于准公共物品研究,比较著名的是布坎南的俱乐部理论和奥斯特罗姆夫妇的公共池塘资源理论。布坎南将俱乐部(club)定义为"一种消费所有权——会员之间的制度安排"(consumption ownership-membership arrangements)。俱乐部物品是具有以下两大特征的准公共物品:一是对外排他性,俱乐部物品仅由全体会员共同消费;二是对内非竞争性,单个会员对俱乐部物品的消费不会影响或减少其他会员对同一商品的消费。奥斯特罗姆夫妇研究了另外一种准公共物品——公共池塘资源(common pool resources,CPR),它是指同时具有非排他性和竞争性的物品,是一种人们共同使用整个资源系统但分别享用资源单位的公共资源。通过对公共池塘资源的深入研究发现,资源供给自身的约束、人口的压力、支配人们行为的机会主义、"搭便车"与自利倾向等常导致"公地悲剧"的现象。

依据竞争性(或非竞争性)和排他性(或非排他性)两大特征,可以对物品(尤其是准公共物品)的分类进行细化。奥斯特罗姆夫妇认为物品的排他性和共用性是独立的属性,这样所有物品可以分为私益物品、公共资源、收费物品和公益物品;曼昆根据物品是否具有竞争性和排他性,把物品分为私人物品、公共物品、共有资源和自然垄断物品;萨瓦斯依据物品的排他性和消费的共同性将物品分为个人物品、可收费物品、共用资源和集体物品。上述分类的侧重点有所不同,但分类依据基本是一致的。

(二) 水资源特性与公共物品

水资源的存在形式多样化,特性的表现程度不同,依据排他性和竞争性标准,它包含私人物品、准公共物品和纯公共物品。萨瓦斯根据供水服务的排他性和消费特征对不同类型的水进行了物品分类(见图 9-2)。瓶装水的商品性比较成熟,具有完全的排他性和竞争性,属于私人物品。自来水在已经安装了自来水供水设备和水表的所有家庭中都可以使用,具有较强的对内非竞争性和对外排他性,地下水资源可以流动而且短时间内不可再生,因此非排他性强而非竞争性弱,两者都属于准公共物品。旅游区里的景观水,其流动性差但不可分割,故非排他性强;其储量有限,但作为景观可以同时被所有周边的旅游者欣赏,非竞争性也强,因此属于典型的纯公共物品。总体看来,商品水的比重很小,水资源的公共物品属性更强。

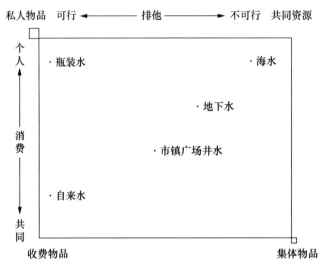

图 9-2　水的物品分类

资料来源:E.S.萨瓦斯著,周志忍等译.民营化与公私部门的伙伴关系[M].中国人民大学出版社,2002.

四、水资源市场配置失效的深层原因

根据经济学原理,在一定条件下,市场是有效配置水资源的最理想方式,但水资源领域中最突出的两个问题是外部性和公共物品问题,两者是导致水资源市场配置失效的主要原因。而外部性和公共物品问题导致市场失效,其背后更深层的经济原因在于所配置的环境资源的产权归属定义不清。

产权经济学认为,市场交换的实质不是物品和服务的交换,而是一组权利的交换,物品和服务的价值取决于其产权的多少。产权界定清晰是资源的市场价格等于其相对价格的必要前提。尽管水资源的稀缺程度不断提高,但因其产权界定不清晰,没有实现资源的排他性,所以进入市场的水资源其市场价格往往表现为零,与其相对价格严重偏离,无法反映水资源的稀缺程度。水资源的外部边际成本就是其市场价格与相对价格之间的差值,也就是产权不曾明晰的部分。

因此,市场失灵并非一定是市场机制有问题,还有可能是产权不清晰引起的市场价格不能正确反映资源稀缺性,从而导致市场机制不能有效配置资源。

要实现水资源的市场价格等于相对价格的必要前提是清晰界定产权,最有效的方法是通过产权交易实现环境资源的产权结构优化。合理的产权结构是不断选择的结果,刚进入市场的稀缺资源的初始产权往往不够完善,产权交易可以实现对各种产权结构的选择,经过多次交易、重复博弈后的产权合约才具有竞争性,其市场价格才能与相对价格一致。相关具体内容详见第12章。

五、水资源分类优化配置分析

地上蓄水构造的水源多为降水且补充迅速,地下蓄水构造的水源多为千万年来的存量以及降水等,补充速度缓慢。考虑到水资源存量的增长率问题,对地表水源的开采可以视为对可再生资源进行开采利用,而对地下水源的开采则应视为对不可再生资源进行开采利用。在地上水源开采的过程中,考虑到湖泊、河流等作为环境资源的观赏价值,应额外考虑到此类公益水面的保留。

(一) 可再生水资源

水资源的补充与利用是一个动态过程,两者同时进行。图9-3可视为水资源的存量变化(t代表月份)。在某个区间内,考虑到北京的季节性气候,每年8月之前,水资源总量会加速增长,到某个拐点,存储量也达到最高。

假设水资源的消费函数为:

$$Q = Q(t), \quad t > 0 \tag{9-1}$$

函数形式可能如下:

$$Q(t) = at + bt^2 - dt^3 \tag{9-2}$$

$$Q(t) = t^{a-bt}, \quad 0 < a < b, \quad t \to \infty, \quad Q(t) = e^a \tag{9-3}$$

如果水资源蓄积呈上述函数状况,对于水资源管理部门来说,其关心的是存储期长 T(即存储到何时开始使用),因此要进行存储管理。

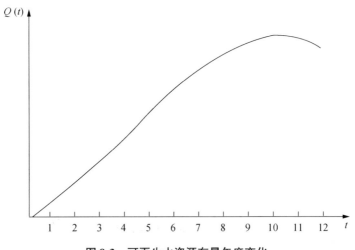

图 9-3 可再生水资源存量年度变化

$$\frac{Q(t)}{T} = Q'(T), \qquad \text{午平均递增量(mean annual increment, MAI)}$$

选择式(9-2)进行计算：

$$\frac{Q(t)}{T} = a + bt - dt^2$$

$$\frac{\partial \dfrac{Q(t)}{T}}{\partial t} = (a + bt - dt^2)' \rightarrow 0$$

$$b - 2dt = 0$$

$$t' = \frac{b}{2d} \tag{9-4}$$

t' 为最佳期长,管理部门可以通过改变外生变量对其进行改变。

地表蓄水构造一般只做蓄水用,因此应考虑长期使用的情况。假设蓄水构造刚被蓄满水。C 为蓄水成本,p 为价格,δ 为折现率,$Q(T)$ 为蓄积量。此时计算的最优状态为稳态(p、C、δ 都不变),所以最优的开闸使用期长为常数。

Faustmann Function 的收益为常数,

$$\text{净收益} = pQ(T) - C$$

$$\text{discount } e^{-\delta t} \cong \frac{1}{1+\delta}(\text{discrete})$$

$$\pi = [pQ(T) - C][e^{-\delta t} + e^{-2\delta t} + \cdots]$$

$$\pi = \frac{[pQ(T) - C] \cdot e^{-\delta T}}{e^{-\delta T} - 1}$$

$$\frac{\mathrm{d}\pi}{\mathrm{d}T} = pQ'(T)(e^{-\delta T\delta} - 1) + \{[pQ(T) - C] \cdot e^{-\delta T} \cdot (-\delta)^{T}\}$$

$$+ (-\delta)e^{-\delta T\delta}\pi + e^{-\delta T} \cdot \frac{\mathrm{d}\pi}{\mathrm{d}T} = 0$$

$$pQ'(T) = \delta[pQ(T) - C] + \delta\pi \tag{9-5}$$

　　边际等待收益 = 放弃的利息支付 + 边际等待成本 = 机会成本

也就是说,想要得到最优的开闸使用期长 T,必须满足上式。

　　短期 p、C、δ 的变化,影响供给行为的变化并反映在 T 上;长期则反映为 $\frac{Q(T)}{T}$ 的变化(即降水过程的变化)和蓄水池数量(如水库)的变化(蓄水池数量变化之所以是一个长期供给行为,是因为机会成本发生了变化,机会成本是一个制度变量,所以是长期的)(见图 9-4)。

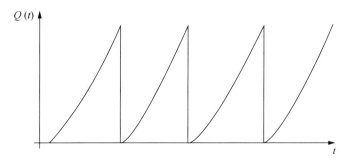

图 9-4　可再生水资源存量的长期变化

　　1. 短期分析

$$pQ'(T) = \frac{\delta[pQ(T) - C]}{1 - e^{-\delta T}}$$

$$Q'(T) = \frac{\delta[Q(T) - C/p]}{1 - e^{-\delta T}}$$

或者

$$\frac{Q'(T)}{[Q(T) - C/p]} = \frac{\delta}{1 - e^{-\delta T}} \tag{9-6}$$

$p\uparrow\rightarrow Q'(T)\uparrow\rightarrow T\downarrow$，$T$ 变小，边际水资源增量减少。

如果 p、C 或者 δ 发生变化使得新的最优开闸使用周期短于变化之前的开闸使用周期，那么水资源管理者就会发现他们提供了"过于成熟"的水,他们就会提前进行放水,增加水进入市场的数量。p 或者 δ 的上升可能会导致短期内水供给量的增加;而 C 的上升可能导致短期内水供给量的减少,因为开闸使用周期变长了。

2. 长期分析

$$\frac{Q(T)}{T}\bigg|\,\delta\pi$$

$$\mathrm{d}\pi = \frac{\delta[pQ(T) - C]}{(\mathrm{e}^{\delta T} - 1)} \tag{9-7}$$

在长期,水资源供给量取决于每平方千米蓄水构造的月均蓄水量 $\dfrac{Q(T)}{T}$,以及用于建设蓄水构造的土地亩数。用于建设蓄水构造的土地亩数取决于 $\delta\pi$,也就是土地的租金价值。

(二) 审美—公益水面

假设 t 期公益水面的审美价值函数为 $A_t = A(X_t)$, A_t 为公益水面存量的审美价值, X_t 为公益水面的平方千米数。

$$A'(\cdot) > 0, \quad A''(\cdot) < 0$$

假设原有公益水面不能再造(原有水面所创造的生态系统在被毁坏后无法再生),那么公益水面就是不可再生资源。$X_{t+1} = X_t - h_t$, h_t 为 t 期公益水面被消耗的平方千米数。

假设每平方千米公益水面所有水的净收益 $N > 0$,公益水面被毁坏后,原有水面占据的土地会被蓄水成为新的水面,进而成为新水域的永久组成部分,并且新水面按照前面的最优开闸使用周期进行存储放水,每平方千米得到的现值为 π。如果 X_0 为公益水面存量,Y_0 为新水面初存量,那么新水面在 t 期的存量为 $Y_t = (Y_0 + X_0 - X_t)$。

假设 t 期的水面经济福利流为:

$$W_t = A(X_t) + Nh_t + \delta\pi(Y_0 + X_0 - X_t) \tag{9-8}$$

其中，W_t 为给定时期水面生态的总价值，等于水面生态的公益审美价值 $A(X_t)$ 加上当期用水的经济价值 Nh_t 以及年度溢价价值。

在某个时间点上，新的水面经济会停止对公益水面的使用，因为此时公益水面已经被使用毁坏殆尽，或者留下来的价值更高。总之，此时新的水域经济达到了均衡状态，$h_t = 0$，$X_t = X^* \geq 0$。

假设水域经济打算保留一部分公益水面 $X^* > 0$，那么公益水面应该保留多少呢？分析如下：

$$\max \sum_{t=0}^{\infty} \rho^t \{A(X_t) + Nh_t + \delta\pi(Y_0 + X_0 - X_t)\}$$
$$\text{s.t.} \quad X_{t+1} = X_t - h_t, \quad \text{given} \quad X_0 > 0, \quad Y_0 \geq 0$$

$$L = \sum_{t=0}^{\infty} \rho^t \{A(X_t) + Nh_t + \delta\pi(Y_0 + X_0 - X_t) + \rho\lambda_{t+1}[X_t - h_t - X_{t+1}]\}$$

$$\frac{\partial L}{\partial h_t} h_t = \rho^t(N - \rho\lambda_{t+1})h_t = 0, \quad h_t \geq 0$$

$$\frac{\partial L}{\partial X_t} = \rho^t\{A'(X_t) - \delta\pi + \rho\lambda_{t+1}\} - \rho^t\lambda_{t+1} = 0, \quad X_t > 0$$

均衡状态下，当择保留一部分公益水面时，

$$h = 0, \quad \rho\lambda = N, \quad \lambda = (1+\delta)N$$
$$A'(X) - \delta\pi + N - (1+\delta)N = 0$$
$$A'(X) = \delta(\pi + N) \tag{9-9}$$

边际审美价值 = 额外一平方千米新水面的现值的利息支付 + 原有旧水面的净收益的利息支付

想要求出保存具有审美价值水面的平方千米数 X，必须满足式(9-9)。

（三）不可再生水资源

不可再生水资源的初始存量 $= R_0$，采掘量为 $= q_0$，由于地下水发现技术比较成熟，这里不考虑勘探。

$$R_{t+1} = R_t - q_t$$

仅仅关心开发，不考虑勘探。根据效用函数 $U(\cdot)$：

$$U(q_t), \quad U'(\cdot) > 0, \quad U''(\cdot) < 0$$

折现因子为：

$$\rho = \frac{1}{1 + \delta}$$

目标函数为：

$$\max \sum_{t=0}^{T} \rho^t U(q_t) \quad (t = 0, 1, \cdots, T, \text{共} \ T + 1 \ \text{个时间})$$

$$\text{s. t.} \quad R_{t+1} = R_t - q_t$$

$$t = T, \quad R_T = 0$$

$(T+1)$ 期没有收益：

$$\lambda_{T+1} = 0, \quad R_{T+1} = 0$$

$$R_0 - \sum_{t=0}^{T} q_t = 0$$

贴现是变成现金，折现是变成现值。现金不等于现值，现金是货币资本。但此模型是一个无货币经济，所以贴现和折现可以混讲。

$$L = \sum_{t=0}^{T} \rho^t U(q_t) + \mu \left(R_0 - \sum_{t=0}^{T} q_t \right)$$

$$q_t \geqslant 0, \quad T \geqslant t \geqslant 0$$

$$\frac{\partial L}{\partial q_t} = \rho^t U'(q_t) - \mu = 0 \tag{9-10}$$

$$\frac{\partial L}{\partial \mu} = R_0 - \sum_{t=0}^{T} q_t = 0 \tag{9-11}$$

从式(9-10)中可以得到：

$$U'(q_0) = \rho U'(q_1) = \rho^2 U'(q_2) = \cdots = \rho^T U'(q_T) = \mu \tag{9-12}$$

式(9-12)的经济学含义是：每期贴现后的边际收益相等使得总效用最大。

$$\frac{\partial L}{\partial R_0} = \mu \quad (\text{初始资源存量} \ R_0 \ \text{的影子价格})$$

与收入效应等同。

再考虑两个区间：$t, t+1$

$$\rho^t U'(q_t) = \rho^{t+1} U'(q_{t+1}) \quad \text{或} \quad U'(q_{t+1}) = (1 + \delta) U'(q_t)$$

$$U'(q_t) = (1 + \delta)^t U'(q_0) \tag{9-13}$$

式(9-13)是 $T+2$ 个一阶导方程,有 $T+2$ 个未知数,必然有唯一解。

在 t 时刻,给定交易 q_t 的市场,

$$U'(q_t) = P_t, \quad U'(q_0) = P_0$$

$$P_t = (1 + \delta)^t P_0$$

$$P_{t+1} = P_t(1 + \delta)$$

$$\frac{P_{t+1} - P_t}{P_t} = \delta \tag{9-14}$$

霍特林法则指在没有勘探、没有技术变化、没有不确定性的条件下,价格和利息相等,这个时候的利息就是偏好。所以利息是一种特殊的偏好。

此时,通过式(9-14)可以逐步计算出每期的使用量。

本 章 结 语

水资源的配置要综合考虑可开采并用于供给的水资源的特性与人类对水资源的不同需求,只有将两者优化协调和匹配才能实现水资源的有效配置。从资源本身看,水资源主要具有四大特性:流动无序性、循环再生性、储量有限性和用途广泛性,这些特性形成水资源领域中最突出的两个问题——外部性和公共物品问题。由于水资源的产权界定不清晰,没有实现资源的排他性,因此进入市场的水资源的市场价格往往表现为零,与其相对价格严重偏离,无法反映水资源的稀缺程度,导致市场配置资源失效。而在理想市场条件下,基于不同水资源有不同的再生增长率,对地表水的开采可以视为对可再生资源进行开采利用,对地下水源的开采可视为对不可再生资源进行开采利用。依据环境与自然资源经济学中可再生资源与不可再生资源的开采模型,可以对两种水资源进行最优开采模型分析。另外,在地上水源开采的过程中,考虑到湖泊、河流等作为环境资源的观赏价值,应额外考虑到此类公益水面的保留。

参 考 文 献

[1] E. S. 萨瓦斯著,周志忍等译. 民营化与公私部门的伙伴关系[M]. 中国人民大学出版社,2002.

[2] 沈满洪,何灵巧. 外部性的分类及外部性理论的演化[J]. 浙江大学学报(人文社会科学版),2002,1:153.

[3] 宋国君等. 环境政策分析[M]. 化学工业出版社,2008.

[4] 周自强. 准公共物品供给理论分析[M]. 南开大学出版社,2011.

[5] Samuelson, E. A. The pure theory of public expenditure[J]. Review of Economics and Statistics,1954,36(4):387.

[6] Buchanan, J. An economic theory of clubs[J]. Economica,1965,32(32):31.

[7] 埃莉诺·奥斯特罗姆著,余逊达、陈旭东译. 公共事务的治理之道[M]. 上海三联书店,2000:56.

[8] N. 曼昆著,梁小民译. 经济学原埋[M]. 北京:机械工业出版社,2003.

[9] Savas, E. S. Privatization and Public-Private Partnerships[M]. Cq Pr, New York,2000.

[10] 刘芳. 水资源属性与水权界定[J]. 制度经济学研究,2008,3.

[11] 马中. 环境与自然资源经济学概论[M]. 高等教育出版社,2006.

[12] Conrad, J. M. Resource Economics[M]. London:Cambridge University Press,2010.

第 10 章　水价矫正需求行为分析

一、水价结构及其制定原则

（一）水价结构分析

傅涛等(2006)指出,2004 年年初国务院以文件形式明确了城市水价的四元结构,即水资源费、水利工程供水价格、城市供水价格和污水处理费;还指出,事实上这四部分可以合并成三部分:资源水价(水资源费)、环境水价(污水处理费)和工程水价(水利工程供水价格和城市供水价格)。傅涛等(2006)进一步说明,资源水价的合理形式是水资源税,收取和使用的主体应是流域层次甚至国家层次(各个城市不能单独确定收取多少资源水价),环境水价是政府的事业性收费,是对政府财政支出用以环境补偿的不足部分的补充,资源水价和环境水价都不应被列入价格听证会的范畴,而工程水价应按全成本核算来确定。

对于上述傅涛等(2006)关于资源水价和环境水价的看法,本书有不同的观点。资源水价应对直接取水者收取,即应对自来水公司直接收取,这是因为自来水公司从国土(归国家所有)中直接提取原水,所以应当向国家付账,这样资源水价应当被计入自来水公司的成本,在这个意义上就可以把资源水价和工程水价合并在一起进行更全面的全成本核算来做统一的确定。而环境水价是由水的外部性所致,虽然政府是治污的责任主体,但经济上更有效率并且可行的做法是将此任务通过商业合约的手段委托给某家企业来做更适当。既然委托给了企业,就应当由该企业承担起相应的经济上的责任。治污本身是一个服务性质的公共品,要了解公众愿意为改善环境支付多少成本,听证是一种较理想的方式。在听证会上,应组织独立的专家组向公众讲解环境清洁的不同等级分别是什么。

那么,关于公众为改善环境质量而支付费用的支付意愿这一信息就可以从听证会上获得,这实际上就是意愿调查价值评估法(contingent valuation method, CVM)。比如,在水污染方面,专家首先把环境分为 AAA 级、AA 级、A 级、B 级、C级、D 级等,然后分别向公众讲解各个级别所对应的环境水平和状况,例如通过图片说明环境变化,以完整而清晰地向公众进行描述。假如,政府向公众宣称 A级是环境质量水平的最低目标,接着再采用卡片形式向公众提问,比如,要使得环境达到 AAA 级,支付 2 元/人如何?支付 1 元/人如何?要使得环境达到 A级,支付 0.6 元/人如何?支付 0.5 元/人如何?以此类推。这一方法在国际环境界得到广泛应用。在听证会上同时有污水处理企业的人在场,他们可以根据自己的处理技术成本和预期利润率来决定是否接受公众的出价。若最终公众对每一等级的环境所愿意支付的资金都不足以让污水企业实现其利润率,不足部分(资金差额)则只能由政府财政来补充。总之,污水处理对应的环境水价应通过听证会获得,资源水价则不需要听证但需要计入自来水企业的成本。若把资源水价计入自来水企业的成本,那么居民所需缴纳的水价就包括两部分:清水水价和污水水价。而政府除了要制定这两个水价以外,还要为自来水企业制定资源水价,这是国家把水资源授权给自来水企业的机会成本价格,资源"税"的逼近。这个卖出价格相对于自来水企业而言属于原材料价格,应计入成本。

(二) 水价制定原则

水具有福利性质,提供清洁的生活用水和处理污水、保护环境的责任主体应该是政府,而政府为了使清水提供和污水处理在经济上更有效率,常把这些工作通过合约的形式委托给某些企业来做,而政府则保留制定水价的权力。于是,政府就像是挑起了一个扁担,一头是水的供给者——水业公司,另一头是水的消费者——居民。政府必须制定出恰当的水价以使得这两者都能满意并达到全社会节水和治污的效果。

更具体地说,北京市可持续发展规划中对水价的制定确立了如下原则:"补偿成本,合理收益,节约用水,公平负担。"实际上,前两者可以合并成一个,即要保证企业有适当的收益(与其他行业相比要有大体相当的收益率,过低则没有人会愿意投资到水务产业中);节约用水的原则体现为全社会范围内能最大限度地实现节水目标;公平负担的原则实际上考虑的是水的福利性质,要保护低收入者,水价的制定要使普通居民能够承担得起基本的生活用水量,同时对高收入者要提高收费标准以限制他们无节制的用水行为。可以把上述这些原则合并归纳为水价制定的三个原则:收益原则、节水原则、福利原则。此外,再加上一条均衡原则,即保证供需双方达到均衡。

二、北京水价的三次调整

北京市城乡供水系统主要由自来水系统(公共集中供水系统)、自建设施(即自备井)供水系统和乡镇供水系统三部分组成。北京市政府作为水资源供需的管理者,负责制定水价体系。该水价体系根据需水用户的性质实行不同水价。需水用户主要分为居民用户和非居民用户,其中居民用户执行居民生活用水水价,非居民用户根据行业类别不同分别执行不同的水价标准。2000 年以来,北京市水价体系一共经历过三次调整,时间分别是 2004 年、2009 年和2014 年。

2004 年国务院办公厅推进水价改革以促进节约用水、保护水资源,具体水价(包括水费、水资源费和污水处理费)调整见表 10-1、表 10-2 和表 10-3。

表 10-1 北京市自来水价格表(2004 年) 单位:元/立方米

用户类别	调整前价格	调整后价格
居民生活用水	2.30	2.80
行政事业用水	3.20	3.90
工商业用水	3.20	4.10
宾馆、饭店、餐饮业等用水	4.20	4.60
洗浴业用水	10.00	60.00
	30.00	
	60.00	
洗车业、纯净水用水	20.00	40.00

表 10-2　北京市水资源费调整(2004 年)　　　　　单位:元/立方米

取水类别	调整前价格	调整后价格	备注
水利工程供水(除农业和环境用水外)	0.60	1.10	自来水供水
市自来水集团企业、各区县自来水公司	0.60	1.10	
生活、工业取水	1.50	2.00	自备井供水
乡镇企业	0.40	2.00	
生产纯净水	4.00	40.00	
洗车业取水	1.50	40.00	
洗浴业取水	2.50	60.00	

表 10-3　北京市污水处理费调整(2004 年)　　　　　单位:元/立方米

用水类别	调整前价格	调整后价格
居民用水	0.60	0.90
其他用户用水	1.20	1.50

2009 年,北京市根据国务院批复的《21 世纪初期首都水资源可持续利用规划》,对非居民用水水资源费和污水处理费征收标准进行了调整。其中,对于水资源费的调整如下:水利工程供水水资源费由 1.10 元/立方米调整为 1.32 元/立方米,上调 0.22 元/立方米;自备井的水资源费由 2.00 元/立方米调整为 2.30元/立方米。对于污水处理费的调整如下:非居民用水污水处理费征收标准由 1.50 元/立方米调整为 1.68 元/立方米,上调 0.18 元/立方米。综上所述,具体水价调整见表 10-4。

表 10-4　北京市非居民用水销售价格(2009 年)　　　　　单位:元/立方米

用户类型	调整前销售价格	调整后销售价格
行政事业	5.40	5.80
工商业	5.60	6.21
宾馆、饭店、餐饮业	6.10	(统一为工商企业用水)
洗车业、纯净水业	41.50	61.68
洗浴业	61.50	81.68

注:自备井用水按照调整后的同类用水价格执行。

2014 年,北京市对非居民用水、特殊行业用户水价和居民用水水价同时进行了调整。其中,为大力促进水资源节约,居民用水实行阶梯水价。洗车业、洗浴业、纯净水业、高尔夫球场、滑雪场用户都被纳为特殊行业用户,执行特殊行业用户水价;工商业、旅游、饭店、餐饮业和行政事业等其他非居民用户执行非居民用户水价;学校、社会福利机构、便民浴池、公益性服务部门等非居民用户执行居民水价。具体水价调整信息见表 10-5、表 10-6。

表 10-5　北京市居民用水阶梯水价(2014 年)　　单位:元/立方米

供水类型	阶梯	户年用水量(立方米)	水价	其中		
				水费	水资源费	污水处理费
自来水	第一阶梯	0—180(含)	5	2.07	1.57	1.36
	第二阶梯	181—260(含)	7	4.07		
	第三阶梯	260 以上	9	6.07		
自备井	第一阶梯	0—180(含)	5	1.03	2.61	1.36
	第二阶梯	181—260(含)	7	3.03		
	第三阶梯	260 以上	9	5.03		

注:执行居民水价的非居民用户,水价统一按 6 元/立方米执行,其中自来水供水的水费标准为 3.07 元/立方米,自备井供水的水费标准为 2.03 元/立方米;水资源费和污水处理费按阶梯水价的相应标准执行。

表 10-6　北京市非居民用水价格(2014 年)　　单位:元/立方米

用户类别	水价	其中			备注
		水费	水资源费	污水处理费	
非居民	7.15	3.52	1.63	2	自来水供水
		2.54	2.61	2	自备井供水
特殊行业	160.00	4.00	153.00	3	

注:自 2015 年 1 月 1 日起,非居民用户水价由 7.15 元/立方米调整为 8.15 元/立方米,其中污水处理费由 2 元/立方米调整为 3 元/立方米,水费和水资源费标准保持不变。

三、水价调整对北京近年用水量的影响分析

北京市自来水集团和北京市排水集团都是大型的国有独资企业集团。它们都与市政府签有合约,由它们承担北京市自来水供应和污水处理的工作,并

可享有一定的合理的利润率。在这里,政府就像一个扁担,一边挑着这些企业,一边挑着居民。一方面,对于这些企业,政府允诺给它们一定的利润率;另一方面,对于居民,水有福利的性质,政府不能对居民强收过高的水价,这中间不足的部分由政府财政来补贴。这牵涉到水价问题和水业的成本问题。北京市近年来多次上调水价,但上调幅度相对于居民收入来说仍显得很低。从北京市 2009 年调整水价以来生活用水的消费量水平来看,生活用水量对水价的弹性微乎其微,人均用水量并没有减少,反而有所上升。此外,由于北京市常住人口逐年增加,2001—2013 年以来北京市居民的年用水总量大致保持逐年上升,见图 10-1。

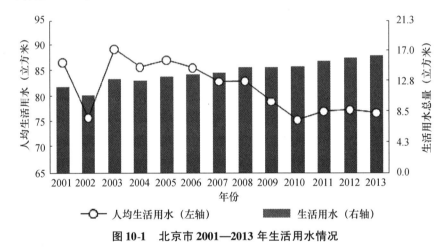

图 10-1 北京市 2001—2013 年生活用水情况

从国内其他城市如深圳、厦门、银川等的经验来看,水价对生活用水量确有影响,水价上升 10% ,人均用水量大体上下降 2% —3% 。人们对水的消费会受到很多因素的影响,如收入、水价、生活习惯等。要对水的需求做全面的分析,一定会用到需求曲线,但由于如下几个原因,得到水的需求曲线是非常困难的:首先,居民用水量对水价的变动所做出的反应是很滞后的,这是因为居民家用的水器皿是不会随着水价的变动就立刻更换的,而用水量总是跟水器皿联系在一起的。有的器皿就是费水,各种节水器皿也在继续研究之中。因此,由历史数据很难得到居民心目中"真正的"需求曲线。其次,对水的需求与居民的收入也有关。但若要找到水需求与收入之间的关系,即使是计量上的关系,也不是容易的事。到目前为止,对水需求的研究还远远不够,并没有什么完善的方法可以运用,多数是靠经验。

　　除此之外,对于北京市水资源的利用情况,过去十年内,用水总量基本保持平稳,在年平均用水量 35.4 亿立方米附近小幅波动;而北京市的常住人口从 2001 年的 1 385 万人增长到 2013 年的 2 114 万人。

　　用水量被定义为分配给用户的包括输水损失在内的毛用水量。将用水量按用途类别进行细分,主要分为四类:农业用水、工业用水、生活用水和环境用水。将 2001—2013 年北京市各类用水量统计数据进行整理后得到图 10-2。

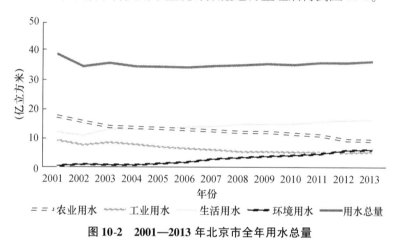

图 10-2　2001—2013 年北京市全年用水总量

四、阶梯水价探讨

　　随着人口增加和经济的高速发展,水资源供给和需求之间的矛盾也日益突出。虽然 2004 年和 2009 年北京市进行了两次水价改革和调整,但是城市供水价格依然存在许多问题。2014 年 6 月,北京市对居民用水和非居民用水水价体系再次进行调整,其中最重要的一个改革就是对居民用水实行阶梯水价。接下来将对水价体系中的阶梯式计量水价进行理论剖析。

（一）三级阶梯水价

首先以三阶水价体系为例,说明阶梯水价的理论基础,然后再来讨论更一般的情形。所谓三阶水价体系,是指把用水量从低到高依次分为生存用水、生活用水和奢侈用水,相应的水价分别为生存水价、生活水价和奢侈水价。更确切地说,此水价体系把一个居民的年用水量分为三个阶段:用量处在 $[0, Q_1]$、$(Q_1, Q_2]$、(Q_2, ∞) 的部分分别收取价格 p_1, p_2, p_3,其中 $0 < Q_1 < Q_2 < \infty$,$0 < p_1 < p_2 < p_3 < \infty$,即若一个居民的用水量为 $q \geqslant 0$,他所应缴纳的总水费为:

$$p_1 \cdot q_1 + p_2 \cdot q_2 + p_3 \cdot q_3 = \int_0^q m(q)\mathrm{d}q = M(q)$$

其中,

$$q_1 = q \wedge Q_1$$
$$q_2 = q \wedge Q_2 - q \wedge Q_1$$
$$q_3 = q - q \wedge Q_2$$

而函数

$$m(q) = \begin{cases} p_1, & q \in [0, Q_1] \\ p_2, & q \in (Q_1, Q_2] \\ p_3, & q \in (Q_2, \infty) \end{cases}$$

可以称为此水价体系的定价核(pricing kernel)。我们可以把上述 q_1, q_2, q_3 分别称为此消费者所消费的一阶水、二阶水、三阶水等。

现在的问题在于如何确定 Q_1, Q_2 和 p_1, p_2, p_3。生存水量是保证居民基本生存的用水量,所以 Q_1 设定的值应当足以保证基本生存,这可以参考联合国有关研究加以设定。相应的生存水价 p_1 应尽可能地低,有的人甚至主张干脆设定 $p_1 = 0$,因为只有这样才能显示出这种水具有真正的福利性质。但对于像北京这样的严重缺水且经济并不发达的城市,让 $p_1 = 0$ 显得过于"大方"。但从另一方面考量,p_1 绝不可设定得过高,否则无法保障低收入居民的基本生存权。因此,解决方法之一是可以考虑让 $p_1 Q_1$ 占城市低收入居民年人均收入的 1%。设定 Q_2、p_2 时则要考虑供水企业的经营成本。而 p_3 的设定针对的是高收入者,主要通过第三阶梯的水价设定来满足水业公司对利润的要求。

面对上述这样的三阶水价体系,一个水消费者的行为会是什么样的呢? 可以采用效用函数方法来分析。假定一个居民的年可支配总收入为 $M > 0$,其效用函数为:

$$U(q,x) = u(q) + x$$

其中,q 为其一年内消费的水量,x 为其所拥有的货币财富。$u(\cdot)$ 是一个典型的效用函数,满足 $u' > 0, u'' < 0$,例如,

$$u(q) = \alpha \sqrt{q} \quad (\alpha > 0)$$
$$u(q) = \alpha q - \beta q^2 \quad (\alpha > 0, \beta > 0)$$
$$u(q) = \alpha \ln(q) \quad (\alpha > 0)$$

假设此居民消费的一阶水、二阶水和三阶水分别为 q_1, q_2, q_3,并且他所能承受的用水消费支出占其全部可支配收入的比例最大为 $\delta \in (0,1)$。则他需要解决的问题就是:

$$\max \quad u(q_1 + q_2 + q_3) + M - (p_1 q_1 + p_2 q_2 + p_3 q_3)$$
$$\text{s.t.} \quad p_1 q_1 + p_2 q_2 + p_3 q_3 \leqslant \delta M$$
$$Q_1 \geqslant q_1 \geqslant 0, \quad Q_2 \geqslant q_2 \geqslant 0, \quad q_3 \geqslant 0$$

当然,如果政府把 Q_1(生存水量)定得很低(并把 p_1 也定得很低甚至让它等于 0),并认为人人都要用到这个水量,那么在上述优化问题中,$q_1 = Q_1$ 是确定的,进而在上述优化问题中只有两个变量 q_2, q_3。

沿着这一思路下去,可以继续分析水价对人的行为的影响,政府可以根据这种水价对人的行为的影响分析而制定出合理的水价以达到全社会节水的目的。

(二) 一般形式阶梯水价

为进行更深入的讨论,我们可以考虑更一般的水价体系(三阶水价体系是其中的一个情形)。首先,我们来定义最一般意义上的定价核。称定义在 $[0, \infty)$ 上的非负且至少分段光滑的函数 $m(q)$ 为水的定价核,如果水的价格确定如下:

若用水量为 q,则其总价为:

$$M(q) = \int_0^q m(q) \, \mathrm{d}q$$

特别地,如果这里的定价核函数是一个常数,那就是通常的"一刀切"的价格了;如果定价核函数是一个阶梯函数,那就是所谓的阶梯水价体系。我们称 $M(q)$ 为水价函数。

还可以引进平均价格这个概念。所谓平均价格,就是 $p(q) = \dfrac{M(q)}{q}$。这样一来,当居民消费的水量为 q 时,他所需支付的费用为 $p(q) \cdot q$。从形式上来看,这样与"一刀切"的情形颇为相似。

现在,政府的任务是通过为居民确定一个消费的水价 $p = p(q)$ 以及为自来水企业制定一个资源水价 θ(假定这一资源水价是一个"一刀切"的价格),以达到以下几个目标:使水业企业获得适当的利润;使居民以适当的水费享受到满足自己所需的水量;使全社会节水;使水的供需平衡。这可以看作一个相对复杂的动态多目标规划问题。

先来考虑最简单的情形,不考虑污水处理企业。我们假定:① 城市之中只有一家自来水企业和一个居民;② 该企业的制水技术成本函数为 $C(q)$(不包含水资源费),记边际成本函数为 $c(q)$,即 $c(q) = C'(q)$,这个 $c(q)$ 严格单调上升①;③ 其现有技术使得它要生产自来水 q 就需要从自然界中提取原水 $(1 + \delta)q$,其中 $\delta > 0$,而水资源费是针对它所提取的原水的;④ 该居民消费自来水 q 时他所愿意付出的费用为 $W(q)$,即支付意愿(willingness-to-pay,WTP),记边际支付意愿函数为 $w(q)$,其中 $w(q) = W'(q)$,该 $w(q)$ 严格单调下降;⑤ 该城市的可用水资源总量为 Q;⑥ $w(q)$ 和 $c(q)$ 在 $(0, Q)$ 内有交。显而易见,如果没有资源水价,而且居民水价是恒定水价(即"一刀切"),那么 $w(q)$ 和 $c(q)$ 的交点所对应的正是均衡水价和水量。但现在的问题在于水资源总量是有限而稀缺的,政府的目标是在居民能够接受并使得企业有合适收益的前提下尽可能地实现全社会节水目标。接下来,我们用严格的数学语言将此问题刻画出来。

假定政府为消费者制定的水的定价核为 $m(q)$(简单起见,这里假定 m 是连续的),为企业制定的水资源费率或资源水价为 θ。为使记法简单,我们记 $\tau = (m, \theta)$,并称 τ 为一个水价体系。

那么,针对于这样的水价体系,企业要做的就是:

---

① 这里要特别强调,我们假设严格单调上升最主要的原因是水资源的稀缺性,制水越多越难制。

$$\max \quad M(q) - \left[C(q) + (1 + \delta)\theta q \right] \tag{10-1}$$
$$\text{s.t.} \quad 0 \leqslant q \leqslant Q/(1 + \delta)$$

假设此优化问题有唯一解 q^*。而针对于这样的水价体系,居民要做的是:

$$\max \quad W(q) - M(q) \tag{10-2}$$
$$\text{s.t.} \quad 0 \leqslant q \leqslant Q/(1 + \delta)$$

假设此优化问题有唯一解 q^*。

在以下的讨论中,我们约定 C, W, Q, δ 是固定不变的,并假定对任意的 τ,上述两个优化问题都有唯一解。显然,q^*, q 仅依赖于 τ。当 $q^* = q$ 时,我们称该城市的水供求达到了均衡。我们把 τ 称为均衡水价体系,如果它能够使得该城市的水供求达到均衡,则称相应的水量为均衡水量并记之为 $q(\tau)$。我们把所有可能的均衡水价体系的集记为 Γ。称 Γ 中满足以下条件的水价体系 τ 为可行的:

$$(1 + r_0) \left[C(q(\tau)) + (1 + \delta)\theta q(\tau) \right] \leqslant M(q(\tau)) \leqslant \varepsilon I$$

其中,I 为居民的可支配收入,$\varepsilon \in (0, 1)$,$r_0 > 0$。这个条件要求的是 τ 对应的均衡水量 $q(\tau)$ 一定能够使得居民的总水费不超过其总的可支配收入 I 的 ε 倍,同时企业有不低于 r_0 的收益率。我们把所有可行水价体系的集记为 Γ_0。

如何选定 ε 和 r_0 呢? 比如,可定 $\varepsilon = 3\%$,$r_0 = 8\%$。3% 被认为是能引起重视的比例,而 8% 是近期北京市自来水公司所要求的利润率。但更恰当的比例和最低收益率可采用听证会方式和投标方式来确定。假定这些参数已经确定。

现在,政府作为水价制定者所要做的就是:

$$\min \quad q(\tau) \tag{10-3}$$
$$\text{s.t.} \quad \tau \in \Gamma_0$$

上述优化问题就是在所有可行的水价体系中求最优的(即最节水的)水价体系。根据此问题的经济背景,我们可以假设这个优化问题式(10-3)有解。

下面可以来看这个最优的水价体系应当是什么样子的。为简单起见,假定对于所有的 τ,相应的 $q(\tau)$ 都在内点实现,即 $q(\tau) \in (0, Q/(1 + \delta))$。由于 $q(\tau)$ 同时是上述两个优化问题式(10-1)和式(10-2)的解,由必要条件可得:

$$w(q) = m(q) = c(q) + (1 + \delta)\theta \tag{10-4}$$

其中 $q = q(\tau)$。到此,采用图示法是最有帮助的,如图 10-3 所示。

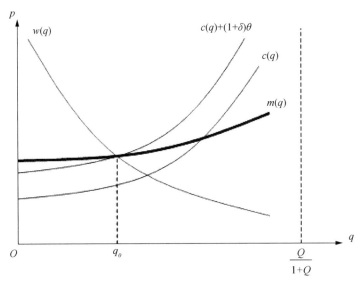

图 10-3 最优水价体系

令在 $[0, Q/(1+\delta)]$ 上满足 $(1+r_0)[C(q)+(w(q)-c(q))q] \leqslant \varepsilon I$，所有的 q 所组成的集合为 Δ。对于 Γ 中的任一水价体系 $\tau=(m,\theta)$，假设它所对应的均衡水量为 q，那么此 q 应满足式(10-4)，于是，$w(q)-c(q)=(1+\delta)\theta$。所以，如果 $q \in \Delta$，则

$$(1+r_0)[C(q)+(1+\delta)\theta q] \leqslant \varepsilon I$$

此即企业的全成本(技术成本加上资源水价)不大于居民可能的最大支付意愿的折现值(以企业要求的最低收益率为折现率)。换句话说，若居民能够支付其最大支付意愿，则企业能够实现其预设的收益率。

不难看出，优化问题式(10-3)的任一可行水价体系 τ 所对应的均衡水量 $q(\tau)$ 都在 Δ 之内。根据此问题的经济背景，我们已经假设了式(10-3)有解，因此，集合 Δ 非空，而 Δ 中的最小点正是式(10-3)的解所对应的水量，也即我们所要寻求的最小水量。

分析到此，我们也得到了式(10-3)的解法。即先尝试着找出 Δ，记 Δ 的最小点为 q_0，这就是我们所要寻求的最小水量，而能实现这个最小水量的水价体系中的资源水价 θ 自然就是

$$\theta = \frac{w(q_0) - c(q_0)}{1+\delta}$$

那么相应的 m 是什么样的呢? 这个 m 不一定是唯一的。我们可以这样试着在图上把它画出来。其实,我们只需要画出 m 在 $[0, q_0]$ 上的模样,其他的无关紧要。而在 $[0, q_0]$ 上,一定可以找到 m 使得

$$m(q) \geqslant c(q) + (1 + \delta)\theta \quad \forall q \in [0, q_0] \tag{10-5}$$

$$m(q_0) = c(q_0) + (1 + \delta)\theta = w(q_0) \tag{10-6}$$

$$(1 + r_0)[C(q_0) + (1 + \delta)\theta q_0] \leqslant M(q_0) \leqslant \varepsilon I \tag{10-7}$$

假定 $w(q_0) \cdot q_0 > \varepsilon I$,这个式子是说若消费这个最小水量,"一刀切"的水价是居民所不能接受的,即要使水供给均衡必将使水价过高,因而居民不能接受。在这个假设之下,可以看出,在 $[0, q_0]$ 上,一定可以找到严格单调上升的 m 使得式(10-5)、式(10-6)、式(10-7)成立。

这里,很可能会出现以下情况:

$$(1 + r_0)[C(q_0) + (1 + \delta)\theta q_0] < M(q_0) < \varepsilon I$$

此时,m 当然不唯一,那么此时到底取什么样的 m 呢? 是取使 $M(q_0)$ 更接近 εI 的 m 还是取使 $M(q_0)$ 更接近 $(1 + r_0)[C(q_0) + (1 + \delta)\theta q_0]$ 的 m 呢? 这实际上就是政府在水的供求之间的权衡,可以采取听证会的方法来解决。

上述解法是借助图解法来进行的,也可以借助计算机来求解。显然,这种方法能够实施的一个前提条件是必须得到边际支付意愿曲线 $w(q)$,即通常的需求曲线。至于边际技术成本曲线 $c(q)$,水企业可在政府的监督之下根据以往的数据进行统计得到。之所以要监督,是因为企业可能会夸大成本。此外,上述模型中假设的是整个城市只有一个居民。这个居民可以是全体市民的总和,即把他们合并为一个人。假定城市中有 n 个居民,同理可以得到,最优的水价体系一定满足

$$w_k(q_k) = m(q_k) = c(q) + (1 + \delta)\theta, \quad k = 1, \cdots, n$$

$$q = \sum_{k=1}^{n} q_k$$

其中 q 为相应的水供给量,而 q_k 为第 k 个居民的水消费量,w_k 是第 k 个居民的需求函数。与单居民模型一样,该模型也可以借助于计算机来求解最优水价体系,只是更复杂。

最后,需要说明的是,在这里假设 m 是连续的,在制定实用的水价体系时,可先按上述方法求出这个连续、最优的 m,然后利用阶梯函数近似地代替它,这

样就得到了一个阶梯水价体系。阶梯水价更便于居民计算。

本 章 结 语

　　本章从水价的内涵出发,结合当前国内学者对水价结构的分析,探讨了水价的制定原则——收益原则、节水原则、福利原则和均衡原则。紧接着简要地介绍了自 2000 年以来北京市水价的三次调整情况,并在对前两次水价调整下公众用水需求行为的矫正情况进行大致分析之后,着重讨论了目前普遍为大众所接受的水价体系——阶梯水价:最低一级的水量设置要能够保证居民最基本的生存用水,相应的水价要充分地低以体现福利性质;对应地,最高一级的水价要充分地高以限制高收入者无节制的奢侈用水行为。以三级阶梯水价为例,根据阶梯水价对人们用水需求行为的影响进行分析推导,得出可以实现全社会节水的合理水价,最后再推广到一般形式。

参 考 文 献

[1] 傅涛等. 城市水价的定价目标、构成和原则[J]. 中国给水排水, 2006, 22(6): 15—18.

[2] 张华筠等. 城市供水供给模式和收费[J]. 城市问题, 2006, 3: 74—78.

[3] Griffin, R. C. Water Resource Economics. The analysis of scarcity, policies and projects [M]. MIT Press, 2006.

[4] Dalhuisen et al. Price and income elasticities of residential water demand: A meta analysis[J]. Land Economics, 2003.

[5] Renzetti, S. The economics of water demands[M]. Kluwer, 2002.

第 11 章　水权及其交易机理分析

一、水权与水权市场的研究

水既是一种重要的生产、生活资料,又是全球稀缺性资源。1993 年 9 月,世界银行提出了水资源管理的核心内容:一是将水视作一种经济商品;二是加强对水资源的管理,提高水利用效率。目前,已有各国研究者对水权水价的经济学理论基础、水配置方式、水市场的运作模式和水管理体制等水资源市场化做了大量的研究。目前,国外对水市场的分类主要包括:水资源和水生产产品市场、地表水和地下水市场、正规和非正规的水市场、应急和永久性的水市场以及水权租赁市场等。

目前,中国水资源的制度和市场研究仍处于探索阶段。有学者认为,中国水市场只是一个"准市场"(胡鞍钢,2000);水权市场只是在不同地区和行业部门之间发生水权转让行为的一种辅助"拟市场"(石玉波,2001)。

可以说,建立水市场是社会主义市场经济发展的必然选择,更是实现水权交易的基础。有了水市场,就可以为用水户提供水权交易与转让的平台。通过交易,水资源从低效益的用户转向高效益的用户,从而提高水资源的利用效率。

水权是水交易中重要的因素,是实现水资源转让和交易的前提,还是水资源资产化管理的核心。水权指水资源的产权,它包括水资源的所有权、使用权、转让权和收益权,也是一张可以使用自然资源水的许可证。从法律的角度来说,水权即拥有水的权利,也就是从供给者处取水、使用或接受水资源的权利。从经济学的角度来说,作为一种交易的商品,水权的价格取决于成本;在水权市场上,水权及成本是不可缺少的因素。水权转让的实质是在初始水权分配基础上的再分配。

（一）国外水权和水权市场研究

近年来,国外学者从水权形成、管理、市场建立及方法论等方面对解决水资源问题提出了若干有价值的见解。研究热点集中于:

1. 水权制度和体系

从水资源使用权的获取方式和初始水权界定来看,目前,以地表水资源为主要对象的水资源产权主要有以下几种体系:

（1）河岸所有权体系

河岸所有权指合理使用滨岸土地的水体但又不影响其他滨岸土地所有者合理用水的权利。河岸所有权起源于英国,到目前仍是英国、法国、加拿大和美国东部等水资源丰富的国家和地区制定水法、水资源管理政策的依据。

（2）优先占用权体系

优先占用权制度起源于 19 世纪中期美国西部的干旱和半干旱缺水地区,是在民法理论中的占有制度基础上建立和发展而来的。它视河流水资源为公共物品,构建了先占有者先拥有、拥有者可转让、不占有者就不得拥有等一系列界定原则。

（3）公共水权体系

公共水权认为,水资源所有权归国家所有,个人和单位可以拥有水资源的使用权。这一理论和法律制度源于苏联的水资源管理理论和实践。目前,中国也在实行公共水权法律制度。

（4）混合水权体系

该体系规定了占用权和河岸权的相对优先性,在绝大多数国家里,河岸权优先于占用权。混合水权体系既包含河岸权体系的内容,又具有优先占用权体系的特点。

（5）比例水权体系

比例水权体系是按照认可的一定比例,兼顾公平原则,将河道或渠道里的水分配给所有相关的用水户。

（6）社会水权体系

在初始水权的分配中,政府公共管理部门对一些用于商业目的(如渔业、航运等)的地表水的公共水权,予以购买或保留的权利。

2. 水权管理

为提高各部门的用水效率,增强资源分配的灵活性,减少巨额财政负担等,水权管理成为重要的环节。在许多国家,加强了的水权管理都经历了从分配使用到逐步放宽交易的过程。

例如,在澳大利亚,在水权管理方面,联邦及其有关州和地方政府逐步推行企业化和私有化,并通过调控进一步分离政府的商业性所有权和经营权。

澳大利亚的水权管理最初源于英国的普通法和河岸所有权制度。澳大利亚于 1886 年颁发了《灌溉条例》(Irrigation Act),规定水的使用权通过许可证制度授予个人和当地政府。这种许可证制度有两个重要的特点:第一,水权与所授予的土地紧密联系,土地被出售后,水的许可证就自然地转移到新的土地所有者手中;第二,在特定阶层,所有用水许可证都有同等的地位,而不论日期的先后。例如,在水短缺时期,老许可证所有者并不具有优先的权利。该条例的缺点在于,因为许可证与土地捆绑,所以不能够独立地交易和转让水权。此后,澳大利亚对相关法律法规进行了修正:设立"可转让的水权条例",允许水权从所授权的土地分离出来单独出售。这样一来,水权的可交易性促使水权市场生成,使水资源从低值使用"交易"到高值使用。

美国也经历了类似的过程。根据水资源分布,美国东部普遍允许土地所有者合理使用流经其土地的河水;而美国西部多为干旱、半干旱地区,实行"审批配水"的方法,选择"用水优先权"原则,即获得用水权的所有者必须按申请用途用水而不得挪作他用,也不得单独出卖使用权,除非与被灌溉的土地作为一个整体同时出售。为了避免水权的转让给其他用户带来损失,各州通常允许用户抗议或阻止水权的任何参数变化。随着水权制度的发展,美国西部最终还是允许水权合法交易。现代水权的基本特征是允许水权进入交易。如在加利福尼亚州,政府强调州水资源管理委员会、水资源局以及其他有关政府机构要保持密切的协调关系,并于 1986 年制定了《水利专用法》,标志着州水资源局将水银行业务纳入实施阶段。

3. 水权交易

所谓水权交易,就是利用经济手段进行水权的再分配。通过利用水市场价格机制的自动调节作用,促进已明确界定的水权通过市场进行流通,使水资源得到合理的配置和有效利用,实现水资源的高效配置。

世界银行倡导在缺水地区建立正式或非正式的水权交易市场,以促进水资源的优化配置。世界银行还指出,为使市场奏效,就要控制交易成本;而要控制成本,就必须建立相应的阻止和政策性机制,以及相应的基础设施和管理。其中,关键性的第一步是建立与土地使用权相分离的可交易的水权制度或用水权制度——这个制度必须顾及对第三方的影响。如果一时难以建立立法上可行的永久水权,可先建立水权交易的现货水市场(spot market)与或然水市场(contingent market),以保证水资源的充分使用。

由于各国政治经济发展的差异,在水权交易模式上也不尽相同。在国外的水权交易中,比较成熟的国家有澳大利亚、美国、日本和智利等。

澳大利亚的水权交易分永久性和临时性两种,而水权交易的方式可分为私下交易、通过经纪人交易和通过交易所交易三种。早在 20 世纪 80 年代,澳大利亚就开始了水权交易。目前已有五个州实行了水资源的交易,更多的是从制度上将水权与土地权利分离成为可交易的商品,并使水资源或水权具有明确的财产权属性和交易品属性。维多利亚州的水权制度是将水权分解为三个部分:水的使用许可证、水设施持有权及水股票。这使得用水权本身成为可交易的商品,并使水资源或水权具有明确的财产权属性和交易品属性,从而建立了有效的水资源交易体系。在新南威尔州,实施的是"水权买卖(交易水权)"和"水溶通(交易可实际利用的水量)"。

美国的水权制度以州法律为主,在东西部呈现地区差异性。在美国,水权属于财产权,与土地所有权紧密联系;因而水权可以对所拥有的专用权优先进行有偿转让。克莱·兰德瑞认为在美国西部,买卖水权已经成为保护河流基流量的重要方式,而在这种水市场的水转移中,州和联邦政府机构发挥了重要的作用,且将继续在私人机构获取水权,以满足其流量需求,从而继续发挥积极作用。

水权市场带来了各种形式的交易机构,如美国西部的水银行、1991 年美国的加利福尼亚州早期水银行(California Drought Water Bank)等。这些交易机构遵守买卖中介服务制度,通过租赁或转卖的方式,将水资源由需求度较低的主体转给需求度更高的主体;并以股份制的形式,对每年水量匹配的水权进行管理。

加利福尼亚州还在 1986 年制定了《水利转用法》,并以此为基础,将水银行业务纳入实施阶段。例如,某家以水权为股份的灌溉公司,首先要吸引灌溉农户加入,同时还要取得水权或蓄水权,接着就可以在灌溉期把自然流入的水按水权股份向农户输放,并用该水量计算农户库存蓄水。鉴于农业的重要性,在美国,有些水市场、水银行就是专门为农业用户设立的;同时,也有不少地区允许将水转让给城市和环境用户使用。例如,加利福尼亚早期水银行于 1991 年促成了向城市的水权转让;爱达荷州水银行 1979 年开始转向河流用水以保护鲑鱼和水力发电。

上述政策的修改均在优先占用原则的框架内,并使出售者免于丧失水权,标志着美国西部水法"不能交易"的规则已大为改进。值得强调的是,水权的中间服务及水权咨询服务公司在美国水权交易中发挥着非常重要的作用。在美国,几乎所有的水权交易都要通过水权咨询服务公司,它的服务包括:① 交易方水权档案鉴定;② 水权调查报告和实际价值评估;③ 水权分布图;④ 申请新水权;⑤ 代理诉讼等。

日本水权管理设计的主要范围包括:对水权在内的水资源进行管理;包括治水、利水和水环境在内的河流流域的管理。从管理职责的角度出发,可以将水资源分为两类:一是管理沿袭历史已形成的权属格局(沿袭水利权)的水,其主体一般为取水量小的共同体和村落;二是工业化、城镇化后另辟来源的水,这部分一般通过水利开发工程得到,水权的所有者是水资源开发项目的管理者(中央政府或地方政府)。水权转让既有长时间使用的,又有枯水季节暂时转用的。分段式水权交易是日本现行的主要水交易制度之一:通过"一次水权者"——即水权持有者,与"二次水权者"——即需要水权者共同完成尚未使用水资源的交易,并在两者基础上构建国内、国际水权交易市场。在日本水权交易市场上,具体的交易商品包括水权实物、水权现货、水权期货以及与水资源有关的股票指数等。特别地,金融机构参与水权金融商品的所有交易。

智利鼓励发展使用水市场,并成立了全国性的水董事会。早在 1981 年颁布的《新水法》中明确规定:水为公用的国家资源,但可赋予个人永久水权和可转让的水使用权,目的就是开放水权交易市场,提高水资源的有效利用。智利的水权交易主要为买卖和租赁;而在实际水交易中,租赁方式占绝对优势。小农户水权集中向大农户的转移占到了水权交易量和交易额的主流,而就交易笔数而言,最多的是农业用水向城市用水的转移。

4. 水权转让

就经济学视域而论,在自由市场下,水权的销售乃至转让是以买卖双方自愿交易为前提的。水权要素从水权使用收益较低者向收益较高者流动,典型的代表是由农业灌溉用水向城市和工业用水的转移。不同于永久水权转让带来的永久性改变,临时水权转让的形式多种多样,包括水权租赁、水市场和水银行等。

水权转让的一个重要方向是城市和工业用水。随着工业生产的发展、城市化进程的推进、人口增长等人类活动干扰的不断加剧,城市用水需求迅速增加。水资源市场的告急要求人们必须开发新水源补充缺口。如果水权转让促进了消耗性用水的增加,长此以往河道流量将会减少。只有减少某些消耗性用水,如提高不可恢复性损失用水的使用效率,才能创造更多的水供给。

虽然水权交易是各国水资源配置优化的一个发展方向,但水权市场却不容易"做大"。各国水权市场的一个显著共同点是:政府和法律在其中起主导作用。占用优先原则下的水权转让其实是一个社会和政治问题,是在现行水资源分配体系的稳定性和高效率、灵活性之间的选择。在众多利益相关者之中,定然有人获益、有人受损。因此,尽管获益人和受损人通过直接的协商和谈判可以解决许多问题,但最终解决的途径很可能还是回归到政治决策上来。

将金融市场引进水市场和水交易,是对水交易和流通管理的一个颠覆性革命。引进后,除了现在较为盛行的水银行、水储存外,水股票、水证券、水期货、水期权、水指数、水基金乃至水市场交易所和水的上市公司等衍生金融产品也层出不穷。人们对水资源的占有和控制并不需要把重点放在直接购买水资源实物上,只需要购买水资源的金融产品就可以了。

5. 水权冲突

水权冲突的本质是利益冲突。当可开发的水资源产权分配告罄时,必然引发现有水权的再分配,包括政府行政干预下的用水政策再分配;或者通过水权交易,包括销售、转让、租借等形式来重新获得水权配额的再分配。

(二) 国内水权和水权市场研究

我国正处于经济转型时期,水权以及水权交易制度存在许多缺陷,市场机制无法充分发挥作用。在实证研究方面,我国学者已经做了大量的工作。

在水资源产权方面,刘国权(2014)在其博士学位论文中提出,以生态边际效用价值理论作为水资源持续利用价值理论的新观点,并将水资源产权问题分为水资源所有权、水资源使用权、水资源工程所有权和经营权四种类型,并初步构建了一个水资源产权系统的框架。蔡守秋(2007)提出了国有水资源使用权流动的几个原则,包括所有权与使用权分离原则、有偿使用原则、兼顾公平原则、政企分开原则、政府行政调控机制与市场调控机制相结合原则、统一监督管理原则、环境保护原则和可持续发展原则,以及水资源转让的一般条件和程序。王丽萍(2000)在博士学位论文中提出,要建立以水价为基础的利益分配机制,以保证在资源配置过程中的公平性。付国辉(2000)在其博士学位论文中,在假定产权是社会博弈的结果而不是前提的基础上,研究了水资源博弈的案例,引入了除基于交易费用概念的局部均衡分析之外的博弈均衡分析方法,提出了一个基于局部均衡和一般均衡的产权博弈分析框架。石玉波(2001)在多个实证研究基础上提出了建立水权制度的步骤:① 摸清资源家底;② 分析需求结构;③ 配置初始产权;④ 建立水市场。傅春和胡振鹏(2000)主张根据不同用水方式的影响,分别按非占用性用水、取水、排污、公益性与盈利性结合的水利工程四种类型进行水资源开发利用,分类讨论其管理目标,设计产权管理具体制度及激励机制。

在水市场构建方面,王治(2000)对水市场的基本概念进行了阐述,提出了建立水权水市场的重要性和对水权水市场建设框架的建议。胡鞍钢(2000)提出了水市场的辅助机制:"政治民主协商制度"和"利益补偿机制"。建立一个有效、公平和持续发展的水市场,就必须创建与土地所有权分离的可交易水权制度,建立相应的独立于买卖双方的公正和管理单位,制定保护第三方利益的制度以及解决冲突的机制。钟玉秀(2001)对水市场类型、水权交易成本和水市场立法原则等进行了探讨。

在水的分配和转让方面,刘文强(2001)在研究塔里木河水权交易时构建了可持续发展的水权分配模型,设计了地州间水权交易的具体规则和步骤。地州间水权分配规则包括:以现实为基准,考虑历史发展情况,促进经济发展与发展权利均等相结合,确保生态以实现可持续发展。毛寿龙(2002)在分析黄河的产权分配时提出,要依靠中央合法的强权分配方法,让各有关方面参与分水,这样有利于水分方案的执行。

值得一提的是,东阳—义乌用水权转让案例集中暴露了我国水资源制度的缺陷。2000 年我国东阳—义乌用水权转让,开创了我国首例水交易的先河。然而,随之而来的是东阳—嵊州用水纠纷。此事件引发了理论界、专家学者、法律界及社会各界的激烈讨论,聚焦点有:① 交易的合法性。我国水资源分配实行"指令用水、行政划拨",中央政府委托地方各级政府对水资源进行分配和管理,东阳市人民政府转让水实质上是以行政管理权代替所有权。② 交易性质不明。我国理论界对水权的界定尚无定论,有人认为是水权交易,也有人认为是水商品的买卖。③ 交易的公平性。由于水资源使用权的划分与归属不明确,东阳—义乌用水权转让侵害到了东阳市毗邻城市的利益。

二、水权交易理论分析

(一) 静态博弈中的水权交易模型

城市居民家庭用水的水权交易确实可以使交易双方的福利都得到增加,但问题是,这样一来,阶梯水价本来要达到的使全社会尽可能节水的目的是不是会被破坏了呢? 下面我们就利用一个简单的模型更细致地探讨这个问题。

考虑一个单期的只有两个人组成的社会,我们考察生活用水价格对他们用水行为的影响。假定第一个人和第二个人的效用函数分别为 $u_1(q,x)=\sqrt{q}+x$ 和 $u_2(q,x)=2\sqrt{q}+x$,其中 q,x 分别为他们的用水量和货币财富。这是典型的拟线性效用函数(quasi-linear utility function),在讨论单用品时,常常利用这样的简单形式的效用函数来分析消费者的行为。假定这里的水对人的效用的影响部分,都是二次根式,二次根式前的系数说明了水对他们福利的影响强度,即水对他们有多大的价值。

假定他们的初始财富分别为 a 元和 b 元,其中 $a<b$。

首先,如果水价为所谓"一刀切"的恒定价——t 元/吨,那么此时他们将分别消费多少水?

对穷人来说:

$$\max \quad \sqrt{q} + x$$
$$\text{s. t.} \quad qt + x \leqslant a$$

易见，$q_1 = \dfrac{1}{4t^2}$是最优解。

对富人来说：

$$\max \quad 2\sqrt{q} + x$$
$$\text{s. t.} \quad qt + x \leqslant b$$

同理可得，$q_2 = \dfrac{1}{t^2}$是最优解。因此，在上述水价下，两人的消费总和为$\dfrac{5}{4t^2}$。

如果水价改为两级阶梯价格体系，由于变量较多，讨论较为复杂，我们给出各个部分的实际数值:3 吨水以内 0.5 元,超过部分为 1 元。我们再来看在此新水价体系之下,他们将分别消费多少水。

此时,对穷人来说:

$$\max \quad \sqrt{q} + x$$
$$\text{s. t.} \quad q^3/2 + (q - q^3) + x \leqslant 5$$

可解出此问题的最优解仍是 $q_1 = 1$。

而对富人来说:

$$\max \quad 2\sqrt{q} + x$$
$$\text{s. t.} \quad (q^3)/2 + (q - q^3) + x \leqslant 10$$

可解出此问题的最优解是 $q_2 = 3$。

因此,在此新水价之下,第一人和第二人将分别消费 1 和 3,共计 4。将相关数据代入第一种情况下的公式,发现在"一刀切"的情况下,总耗水量为 5。虽然这里使用了假设的数据,但容易理解阶梯水价确实起到了节水的作用,而且主要是抑制了富人对水的需求。

同时我们不难发现,在此新水价之下,穷人还有 2 吨的低价水的用水权,而富人对水的需求被抑制了。如果允许他们交易,显然,两个人的效用都会增加,至少比不交易要强。但这样一来,全社会的总用水量会从 5 降下来吗?

首先,在此新水价之下,若他们不交易,则他们的用水量分别为 1 和 3,其效用分别为 5. 5 和 $2\sqrt{3} + 8.5$。容易看出,假如他们之间达成协议,第一人以 0. 5

元/吨的价格从政府那里买来 1 吨水，再转手以 p 元/吨卖给第二人。这样做之后，他们的效用分别为多少？他们的效用将分别为 $5+p$ 和 $4+8.5-p$。所以，只要确定 p 使得

$$5 + p > 5.5$$
$$4 - p > 2\sqrt{3}$$

即可，即只需要

$$0.5 < p < 4 - 2\sqrt{3}$$

而这样的 p 显然是存在的。因此，只要他们以任何一个这样的 p 成交，他们的效用都将比不交易要大。也就是说，存在可行的交易，使得交易较之不交易，两个人的福利都提高了。但是此时，注意社会总用水量仍像在旧水价之下那样是 5。因此，在这种假设的情况下，若允许他们交易，则阶梯水价没有起到节水的作用。

（二）动态博弈中的水权交易模型

问题分析到此似乎已经结束了，但是上述分析忽略了交易的细节。在实际问题中，出于利益最大化的考虑，交易双方定会对各种交易方式进行比较，选取最有利于自己的交易模式，并进行博弈。当我们进一步追问上一部分的 p 的具体数值时，会发现问题还没有完全解决，如合约到底是怎样达成的。

事实上，当允许交易时，他们会对所有可行的交易形式（包括零交易，即不交易）进行比较。而交易变量（或称谈判变量）有两个：一个是交易水量 w（第一人卖给第二人的水量）；一个是交易水价 p。我们可以统一地把谈判变量写成一个二维向量 (w,p)。不难看出，所有可能的情形是：

$$w \in [0,2], \quad p \in (0.5,1)$$

接下来看他们会以什么样的 (w,p) 达成协议。这是两人之间进行的一场博弈。假定两人都知道对方的效用函数。我们知道，在交易之前，第一人和第二的效用分别是 5.5 与 $2\sqrt{3}+8.5$，而交易之后的效用分别为：

$$5.5 + (p - 0.5)w$$
$$2\sqrt{3+w} + 8.5 - pw$$

显然，对于任意固定的 $p \in (0.5,1)$，对于第一人来说，最优的 w 自然是 $w=2$。但这个交易量未必被第二人认可，若不认可，交易还是不能真正实施。

再来看第二人,当 $p \in [\,1/\sqrt{3}\,,1\,)$ 时,最优的 w 是 $w=0$,这就等于不交易。而当 $p \in (\,1/2,1/\sqrt{3}\,)$ 时,对于他来说最优的 w 必满足

$$\frac{1}{\sqrt{3}+w} = p$$

即

$$w = \frac{1}{p^2} - 3$$

而这样的 w 必满足 $w \in (\,0,1\,)$。于是,我们得到,第二人所能接受的 $(\,w,p\,)$ 一定在以下范围内:

$$w \in (\,0,1\,),\quad p \in (\,1/2,1/\sqrt{3}\,)$$

而且,不难看出,在这些 $(\,w,p\,)$ 的点中,越接近 $(\,1,1/2\,)$,第二人的效用就越大。

如果模型中有更多的人,情形又会如何呢? 比如,在卖方的竞争市场下,存在多个卖方与一个买方,每个卖方都争相亮出更低的价格,这样的竞争最终致使水价降到几乎接近 0.5,直至这个出最低价的人之外的人都觉得以这个价格去争这个交易已经没有利益空间了。还有一种情形也可能会发生,即卖方结成联盟,他们统一行动,就像一个人一样,只是这个人掌握的低价水的水量非常大。要是形成联盟,问题又转化为只有两个人的问题了。更一般的情形是,卖方中有一部分人结成了联盟,另一部分人结成了另一个联盟……还有一些人和谁也不结盟,这就是最一般也最复杂的一种情形了。

当然,如果真的可以建立一个水权的正式交易市场,与股票交易市场类似,每个人既可以是买方也可以是卖方,而且人们之间并不知道其他人在某时刻到底是买方还是卖方,私下的结盟就不太容易形成了(具体的交易市场设计我们不在此详述)。

有一种情形是买方多人,而卖方只有一人,此时是一个买方的竞争市场。在这里我们只讨论最简单的一种情形,即假定所有的买方都是同质的,他们有着完全相同的效用函数。那么,他们中每个人所能接受的 $(\,w,p\,)$ 一定在以下范围内:

$$w \in (\,0,1\,),\quad p \in (\,1/2,1/\sqrt{3}\,)$$

这个卖方喜欢什么样的 $(\,w,p\,)$ 呢? 当然 w 和 p 都是越大越好。于是,在提高自己效用的前提下,买方之间竞相提高 w 和 p,然而,竞争的结果最终能使得 $(\,w,p\,)$ 落在何处,并不是容易判断的。同样地,买方之间也可能会结成联盟,情

形就更复杂了。

还有一个情形是买方和卖方都是多人,甚至可以被视作无穷多。在这种情况下,才是真正的完全竞争市场,任何人形成的部分联盟都不能操纵市场。对于这样一个完全竞争的市场,又会出现什么结局呢?结果并不明显。

这类情形可以推广到南水北调问题。在南水北调之后,沿途的城市之间先有一个初始水权的分配。第一个问题当然是水权的分配;然后,城市之间有水权的转让,既可能是双边协议,也可能是多边协议,情形与上文讨论的城市居民用水问题类似。所以,我们讨论的城市居民用水模型具有较为广泛的意义。

现在,还是回到原来只有两个人的模型里。问题是,这两个人之间的博弈或谈判究竟是怎样进行的?假设这个模型中的两人,其中一人握有低价水的水权,是潜在的(低价水的)卖方;另一人对低价水有更多的需求,是潜在的(低价水的)买方。在这场博弈中,谁更有优势?

他们之间的谈判涉及一个二维的向量(w, p),即他们谈判的不但是水量w也是水价p。那么,这两个之中,哪一个更重要呢?如果是p,那么有没有一个p,使得在此p之下,两人再达成一个w就使得两人都能达到最优呢(即在此价格给定的约束下达到效用最大化)?显然不能。因为上面已经说过,对于第二人来说,可能的p只能是$p \in (1/2, 1/\sqrt{3})$,而基于这样的p,对他最优的w必为:

$$w = \frac{1}{p^2} - 3$$

而对于第一人来说,最优的w显然是2。所以,若先定了p,不可能有一个w,使得每个人都满意。

那么,他们会不会更重视w呢?他们能先定w,然后再定p,以使大家都满意吗?这就回到了最初的分析。对于第一人来说,当然w越大越好,但对于第二人来说就不是这样。所以,w会定在哪里呢?就算敲定了一个w,对于第一人来说,p越大越好;而对于第二人来说,p越小越好。所以,也不可能有一个相应的p同时使两人都满意。但就像最初的分析一样,对于先行敲定的w,能同时使得他们的效用都增加的p可能是存在的,但究竟能在什么样的p处达成协议,这就很难确定了。这样来确定(w, p)的一个可能的方式是把他们交易较之不交易的效用函数的增加值相加(假设他们之间的效用具有完全的可比性,而且他们的效用函数都是某种基数效用,可直接相加),其和为:

$$(p - 0.5)w + 2\sqrt{3 + w} - pw - 2\sqrt{3} = 2\sqrt{3 + w} - w/2 - 2\sqrt{3}$$

此式在 $w = 1$ 处实现最大化。所以,他们就先定 $w = 1$,然后再定 p。如何定 p 呢? 一种可能的协议是他们要使得每人的效用的增加值相等,即

$$(p - 0.5) = 4 - p - 2\sqrt{3}$$

由此得:

$$p = \frac{4.5 - 2\sqrt{3}}{2}$$

这个 p 满足 $p \in (1/2, 1/\sqrt{3})$。[①] 这事实上是一种典型的合作博弈,即两个人先合起来,尽可能使得他们的总效用得到最大可能的增加,然后再解决这个总效用增量的分配。在上述这种合作中,每人的效用都增加了 $1.75 - \sqrt{3}$。

问题是这种合作可能实现吗? 如果有某种方案使得某一方的效用能够增加更多,那么这种合作就有可能受阻。

现在换一种方式来看他们之间的博弈。先假设第一人更有优势,他有优先权,他们之间进行的是一场序贯博弈,第一人先出招,然后才是第二人出招。这就是所谓的领导者—跟随者模型(leader-follower model),其中第一人是领导者,由他先做出决策,然后再由第二人即跟随者对此做出反应。

如果第一人先直接说出他先定的 (w, p),对此,第二人要么接受,要么不接受。若不接受,交易不可能实现,两人的效用增量皆为 0;若接受,那就只能任凭第一人摆布了。针对这种情况,第一人会给第二人一个什么样的可接受的方案,也就是给出一个 (w, p)。不过,这个策略可能是一个混合策略,即给出的是一个 (w, p) 的分布,实际给出的 (w, p) 可按此分布另外再做一个独立实验来确定。在这种情形下,可能会出现纳什均衡。

---

① 不难看出,这两人之间所有可能的成交的点只能位于以下这个有限区域内:

$$0 < w < 2, \quad \frac{1}{2} < p < \frac{1}{\sqrt{3}}$$

$$\frac{1}{\sqrt{3 + w}} \leqslant p \leqslant \frac{2\sqrt{3 + w} - 2\sqrt{3}}{w}$$

无法确切知道他们究竟会在哪里达成协议,即若他们同时关注这两个量 (w, p) 而进行博弈,第一人最理想的安排是点 $(1, 1/2)$,而第二人最理想的安排是点 $(1, 4 - 2\sqrt{3})$。但这两个点都是不可能被对方接受的。但彼此都有达成协议的愿望(可以提高自己的效用),所以就会妥协。但最终究竟能妥协成什么样(在哪个点实现)就不易判断了。

如果第一人先行给出的只是 w，第二人接着给出他所喜欢的 p，针对第二人的反应，第一人事先就瞄准一个能使自己得到最大好处的 w 来出。这种博弈显然是无穷多种纳什均衡。那就是第一人出任意一个 $w \geqslant 0$，第二人出 $p = 0.5$。这样的每个人纳什均衡中都使得两人的效用增量皆为 0。因此，不会有第一人先给出 w 然后由对方来接着定 p 这种情形出现。

第一人更可能的是先喊价 p，然后再由第二人来对此价格做出反应，喊出自己在这个价格之下想要买进的水量 w。而当第一人知道第二人对自己喊出的价所做出的反应时，他就会喊一个对自己最终最有利的 p，这样最终形成了协议。我们来看什么样的 p 会使第一人最满足，并看第二人随即给出的相应的 w 会是多少。

首先，第一人给出的 p 一定满足 $p > 0.5$，否则无论第二人给出什么 w，第一人都无利可图。另外，第一人给出的 p 也一定满足 $p < 1/\sqrt{3}$，因为若 $p \geqslant 1/\sqrt{3}$，则第二人给出的对他最有利的 w 是 $w = 0$，这样第一人也无利可图。因此，第一人给出的 p 一定满足 $p \in (1/2, 1/\sqrt{3})$。而对于这样的 p，第二人给出的 w 是 $w = \dfrac{1}{p^2} - 3$。

针对第二人这样的反应，第一人的效用增量(相对于不交易)将为

$$\varphi(p) = (p - 0.5)(p^{-2} - 3)$$

知道了这一点以后，第一人就会首先喊出一个能使上述 $\varphi(p)$ 最大化的 p。

不难看出，函数 φ 在区间 $[1/2, 1/\sqrt{3}]$ 的两个端点处都等于 0，而在中间大于 0，因此最大值一定在内点实现，即一定存在唯一的 $p^* \in (1/2, 1/\sqrt{3})$ 使得 $\varphi(p)$ 实现了最大值。而相应的第二人给出的水量是(唯一的) $w^* = (p^*)^{-2} - 3$。显而易见，这个水量 w^* 满足 $w^* \in (0, 1)$。他们各自的这样的策略是这种情形下唯一的纳什均衡。在这种情形下，两人之间的交易水量小于 1，则第一人的消费水平为 1，第二人的消费水平小于 4。因此，总社会水消费量不足 5。所以说，如果允许交易，而第一人有优先权，他可先喊价，那么在新的阶梯水价之下，两个人的福利都能得到进一步提高，而且全社会也确实能够达到节水的目的。

也可以分析第二人有优先权的情形。第二人只先喊价 p，若 $p < 0.5$，对于

这样的 p,第一人的反应就是 $w=0$,而对于这样的 w,什么样的 p 对第一人都无所谓,因为这时第一人的效用增量皆为 0,这组策略是一种纳什均衡;若 $p>0.5$,第一人的反应是 $w=1$,而对于这样一个反应,对于第二人最好的 p 当然是 $p=0.5$ 了,所以,$p>0.5$ 的策略不形成纳什均衡;若 $p=0.5$,第一人喊出什么样的 $w\geq0$ 对自己都无所谓,而对于任意的 $w\geq0$,对第二人来说,$p=0.5$ 都是最好的选择,因此,$p=0.5$ 和任意的 $w\geq0$ 也形成了纳什均衡。所有这些纳什均衡对第二人都没有什么好处。因此,他不会先行只喊出价格。若他只喊出水量,然后等待对方的反应,那就又回到我们最初分析过的情形了。不过,这里我们可以把这个序贯博弈看成是无穷长的,第二人喊水量,第一人给相应的水价,接着第二人再调整自己的水量,然后,第一人再喊出自己的水价……一直继续下去直至达成协议为止,但这个过程可以在两个人的头脑中飞快地进行,即这只是一个逻辑序贯,并不是现实中占用时间的序贯。不难看出,这个序贯博弈的纳什均衡也是上述的 (w^*,p^*),即第二人先喊 w^*,第一人喊出 p^*,博弈即告结束。

总之,无论是第一人有优先权先喊水价还是第二人有优先权先喊水量,若看这个序贯博弈,最终的结果都是 (w^*,p^*),社会总水量都将下降。看成序贯博弈是恰当的,因为这本来就是一个"讨价还价"(bargaining)的过程。①

综上所述,无论谁有优先权,最终的结果都是 (w^*,p^*)。社会总水量都将下降。因此,在博弈的情况下,建立水市场,允许交易,不但可以使人们得到更大的福利,而且全社会的总用水量也会下降,只是下降的幅度比不允许交易要小。

(三) 水权交易经济福利分析

以上我们在对水权交易机理进行分析的同时,对交易的经济福利还做了静态分析。但是要讨论水价及水权制度对社会福利的影响,单纯的静态分析是解决不了问题的,福利分析一定要采用动态方法来进行。因为无论如何进行水价改革和水权的设计,如果只是从静态的角度分析,对于当代人来说,其福利水平

---

① 上述分析方法可以应用到南水北调城市之间水市场交易问题的分析中。更细致的对南水北调的水价和城际水市场的分析,我们将另文讨论。

都是下降的。这是因为水价改革的诱因是水资源危机,其目的就是全社会节水。政府采用各种经济手段,包括制定阶梯水价和水权制度,都会使得当代人的可用水资源量下降,从而使得当代人的福利下降。然而,使当代人的可用水资源量下降的根本目的是可持续发展,以及人类的代际公平。从长远的视角来看,或者说从动态的观点来看,这样的制度设计可以使得全人类(包括各代)的福利得到提高。换句话说,这样的制度设计是把当代人剥夺下代人的福利在代际公平的原则下还给了下代人。

但当采用动态方法来讨论最优制度设计问题的时候,所涉及的问题也是很棘手的。第一,折现问题。要让讨论具有可操作性,福利的测定最好是可货币化,而不同时期的货币是不能直接进行比较的,必须折现得到一个统一的时刻来比较,否则就无法和金融体系相融合。但如果折现,那么代际公平又如何体现呢?折现越厉害,后代人的福利就会被剥夺得越多。如果不折现,直接考察不同代之间的福利水平,那就只能采用非货币化的手段;但非货币化手段是很难具有真正的可操作性的,只能是帮助我们进行定性分析。第二,社会福利的测定方法。即使是同代人,全社会的人们之间的福利如何进行定量化比较呢?这就是社会福利和个人福利之间的关系问题。有一种办法是把全社会捏成一个具有代表性的人物,由他的福利水平来表示全社会的福利水平,不过,这样就很难在同代人不同收入阶层之间体现水价制度和水权制度对他们的不同影响了。也就是说,动态模型只能考察代际公平问题,而不太可能顾及到代内公平;或者说,动态模型和静态模型是脱节的。这是建立恰当的动态模型所遇到的最大的困难。

我们在所有上述分析中,只提到了所谓的生产者剩余(即其利润)和消费者剩余。事实上,更全面的社会福利应包括以下三个方面:企业主的生产者剩余,即其利润;消费者剩余;制水企业职工们的经济租金。

基于这样的福利测定方法,也可以对水价问题进行重新考察。但所得结果与已经建立的模型中的结果应相去不远。

三、可交易的排污权证

1960年,Dales最早提出了可交易的排污权证概念。因为庇古税的税率确定是非常困难的,并且从社会计划者(social planner)的角度来看,社会计划者往往希望直接控制污染的总量,以便稳定污染增长的趋势。后来在1993年,Croker将这个思想数学化,用模型来解释这个思想。他认为,现在向大气或者土地排放污染时,排污者进入的成本是零,是一种开放产权(open access),所以需要分配产权,先定义产权之后再弥补缺失市场。这种确权的方法就是设计一种可交易的排污权证(tradable pollution permits)。

在实践中,美国人率先采用了这种方法来交易二氧化硫的排放权。在芝加哥,一吨二氧化硫的价格从当时的150美元降低为现在的68美元,这体现了在确权之后,缺失市场的引入使污染价格下降。因为边际排污成本高的企业会向边际排污成本低的企业购买排污权证,这种制度变化和技术进步会促进市场壮大。

给定一个代表性厂商,它是价格接受者,产量—污染的转换函数为$\varphi(Q_t, S_t)=0$,存在正相关关系。例如,因为某些其他的原因,如订单增加,排放的量就增加。

1. 企业的目标

企业的目标仍是最大化自己的利润,拉格朗日函数可以写作:

$$L_{it} = PQ_{it} - P_{mt}(S_{it} - M_{it}) - \mu_{it}\varphi(Q_{it}, S_{it}) = 0$$
$$Q_{max} \geq Q \geq Q_{min}$$

其中,P_{mt}是权证的价格,M_{it}是排污权证的数量。利润最大化的条件为:

$$\frac{\partial L_{it}}{\partial Q_{it}} = P - \mu_{it}\varphi_{iQ} = 0,$$

$$\frac{\partial L}{\partial S_{it}} = -P_{mt} - \mu_{it}\varphi_{iS} = 0,$$

$$\frac{\partial L_{it}}{\partial \mu_{it}} = \varphi(Q_{it}, S_{it}) = 0$$

179

联立上述式子,可以得到:

$$\frac{P}{P_{mt}} = -\frac{\Phi_{iQ}}{\Phi_{iS}}$$

这个等式的含义是边际替代率等于产品价格与权证价格的比值。对比征收庇古税制度设计的式子 $\frac{P}{\tau_t} = -\frac{\Phi_Q}{\Phi_S}$,说明庇古税的制度设计和可交易排污权证的制度设计是可以相互替代的。但是它们的制度确立方法大相径庭。在我国,人大代表的职责权力比较分散,因此通过人大代表立法是非常困难的,所以制定税收法律比较困难。但是,如果是市场的技术创造的话,情形就大为不同了,可交易排污权证市场的建立可以撇开立法的程序,这个制度建立的成本比较低。

$\frac{P}{P_{mt}} = -\frac{\varphi_{iQ}}{\varphi_{iS}}$ 和 $\varphi(Q_{it}, S_{it}) = 0$ 的出现保证了市场的出现,但是并不能保证有一个繁荣的市场。现在,我国这类市场仍比较冷清。市场繁荣的必要条件是将场外业务引入场内,吸引大量的市场代理人。

2. 市场出清讨论

$$\sum_{i=1}^{N} \left[S_i(P_{mt}) - M_{it} \right] = 0$$

该式即为市场出清的条件,即权证的需求等于供给,$S_i(P_{mt})$ 是权证的需求函数,供给假设是给定的外生变量。回到之前给的例子:

$$Q_t = \frac{nP}{2P_{mt}} + m$$

$$S_t = \frac{n}{4}\left(\frac{P}{P_{mt}}\right)^2$$

代入到市场出清条件当中,有:

$$\sum_{i=1}^{N} \left[\frac{n_i}{4}\left(\frac{P}{P_{mt}}\right)^2 - M_{it} \right] = 0$$

则,

$$P_{mt} = \frac{P}{2\sqrt{\frac{Mt}{\sum n_i}}}$$

四、我国水权制度的建设与完善

（一）我国水权制度的建设与实践进程

2000 年以来,为适应市场经济体制改革和可持续发展的要求,我国加快了水权制度的建设工作,制定和出台了一系列与水权有关的法律法规。在这些法律法规及规章中,2002 年修订的《中华人民共和国水法》(以下简称《水法》)和《取水许可和水资源费征收管理条例》是我国水权管理最为重要的法律依据。修订后的《水法》对取水许可做出了多方面的规定,如水资源权属、用水许可和有偿使用、流域与区域相结合的水资源管理体制、水资源的规划与配置、总量控制和定额管理相结合的用水管理制度等,并且体现了尊重用水历史与习惯的立法价值取向,有效保护了农民现有的用水权益,为我国水权管理提供了主要的法律依据并建立了一个总体性的框架。2006 年《取水许可和水资源费征收管理条例》的出台则从取水许可的申请、受理、审查、决定、监督管理和法律责任等方面做出较为详细的规定,搭建了一个较为完整的取水许可的管理框架。另外,我国还陆续出台了一系列法规和规章,其中如《黄河水量调度管理办法》《黑河干流水量分配方案》《占用农业灌溉水源、灌排工程设施补偿办法》《蓄滞洪区运用补偿暂行办法》《取水许可监督管理办法》《取水许可水质管理规定》《水利工程供水价格管理办法》等都在不同的方面体现了水权水市场制度建设的内容。

同时,为了指导和推动水权管理制度的建设,水利部先后出台了《水权制度建设框架》《水利部关于水权转让的若干意见》《水利部关于内蒙古宁夏黄河干流水权转换试点工作的意见》等指导性文件。其中,2005 年出台的《水权制度建设框架》将水权制度系统归纳为水资源所有权、水资源使用权、水资源流转权三大制度体系,成为开展水权制度建设的指导性文件,进一步推动了水权管理制度的建设。2005 年出台的《水利部关于水权转让的若干意见》对水权转让的基本原则、限制范围、转让费用、转让年限等做出了原则性规定,对促进和规范水权转让,实现水资源优化配置具有重要指导意义。2007 年 10 月 1 日开始施行的《中华人民共和国物权法》使水权在物权层面上获得了更为具体的规范,明确了取水权应该包括水资源所有权以及在法律约束下形成、受一定条件限制、对国家所有的水资源的一种用益物权①。

在国家层面政策法规的推动和水权理论的指导下,许多流域和地方也因地制宜地在水权管理方面进行了有益的实践和探索,为我国水权管理和制度建设积累了丰富的经验。从 20 世纪 80 年代开始的黄河流域水量分配,到东阳—义乌我国第一例水权转让,到甘肃省张掖市农业水权管理中的农民用水水票制度,再到宁夏、内蒙古两自治区开展的"投资节水,转让水权"大规模、跨行业的水权交易,以及最近在我国一些地区全面启动的水权试点工作——在宁夏回族自治区、江西省、湖北省重点开展水资源使用权确权登记试点工作,在内蒙古自治区、河南省、甘肃省、广东省重点探索跨市、跨流域、行业和用水户间、流域上下游等多种形式的水权交易流转模式。

总体看来,尽管初始水权分配制度已经基本建立,水权制度建设和实践取得了显著成效,但在我国目前的法律制度框架内,水权市场还只是一个准市场,水权交易制度还很不健全,也不能完全按照市场规律来调节。另外,对水权分配、使用和交易的管理需要依托一套完善的计量、监测设施和技术体系。当前,这两方面还都有待加强。

(二) 我国水权交易制度完善的关键

目前我国水权制度和水权交易仍存在缺陷。首要问题是初始水权界定不清,导致中央和地方、各利益群体间的经济关系界定不明确,权责难以定位;其次,水权的分配大都沿袭了计划分配的僵化模式,缺乏合理的水权再分配制度。水权再分配,不仅仅是水的问题,还涉及权力和利益的再分配。围绕市场经济体制的深化改革和创新,我国水权及水权交易制度需要率先从以下几方面进行改革:

1. 水权的确定

水资源具有公共物品和私有物品的双重属性。在供水、灌溉等领域其私有物品属性突出,在维持生态系统、防洪等领域则更多反映的是公共物品的属性特

---

① 用益物权即对某物品仅具有用益性的使用权而不具有所有权的限制性权利。

征。水资源需求分为基本需求、生态系统需求和经济需求:基本需求是指公民满足生存与发展的需要而必需的水量,这部分需求必须无条件满足,很难通过市场解决,每个地区按人口计算的水资源基本需求在水资源配置中要优先满足;生态系统需求是维持生态系统和水环境而必需的水资源量,是一种非排他性的公共物品,应由政府提供;满足经济需求的水,涉及工业需水、农业需水等多样化用水,具有竞争性、排他性等私有物品的特征,可以通过市场机制交易和转让水权来流通。

水资源的特性决定了它作为私有物品的完全可交易性,以及作为公共品的部分可交易性。只有在水资源已被清晰确权——"所有权"(全民所有)、"管理权"(国家各级水行政主管部门)和"使用权"(各级各类用户)的基础上,才能实施水市场建设和水交易。结合我国水资源管理体制改革与国家经济体制改革总体方案,在现有的管理体制下,划清水权的权属范围,建立和完善明确的水权体系,是必须要完成的首要任务。

2. 初始水权分配的改革和创新

初始水权分配的实质,就是按一定原则分配用于经济目的的水资源使用权。初始水权既可以界定给个人,也可以界定给组织以及政府,但应贯彻国家安全原则、优先权原则与共同发展原则。

从国家安全层面来看,应优先考虑水资源的基本需求和生态系统需求,水资源可利用量在满足了基本需求与各地区生态系统需求之后,方可对多样化的经济用水需求进行水权初始分配。从水权分配的社会效益层面来看,应遵循保障社会稳定和粮食安全原则进行社会初始水权的配置和分配。从经济学层面来看,应注重水效益优先原则,即单位水产生的经济效益最大,优先配置单位水产生经济效益高的地区和产业。从时间优先和地域优先的初始水权分配层面上看,应明确以占有水资源使用权时间先后作为时间优先权的基础,以水源地区和上游地区、距河流较近地区有河流使用优先权为地域优先的基础。从尊重现状的层面来看,已有引水工程取水的地区,应承认该地区对已有的工程调节水量拥有水权。从区域发展层面来看,欠发达地区若能优先分配水权,才能通过转让水权获得发展资金;而发达地区可以通过在市场上购买水权满足经济快速发展对水资源的需求。

3. 以法律来规范水权交易市场

首先,国家作为水资源的所有者,并不完全等同于水资源的完全国有化形式。水权初始分配的政府行为只是一次性的,而水权分配的方案应该通过法规或协议的形式固定化,继而通过水市场实现水权的再分配——水权转让与交易,这一过程必须纳入法律框架之内。其次,我国水权、水交易带有较为浓厚的计划经济痕迹,市场机制无法完全有效地发挥作用。要保证水资源使用权按市场经济的原则转让,确立交易的合法地位,实现水权转让的规范化,形成符合中国国情的水市场,就必须健全法律机制。

4. 监督约束及纠纷仲裁调解机制是水权制度健康运行的保障

规范与预防在水权管理、分配、交易等过程中可能出现的违规行为,调解水事纠纷,离不开监督约束和仲裁调解。为此,我国在建设水权制度的同时,还必须建立与之相配套的相关机制,用于监督约束及纠纷仲裁调解,确保整个水权制度的良好运行。

(三) 北京水权水市场建设

1. 必要性

首先,北京市水权水市场建设是理顺各流域上下游水事秩序的客观需要。北京境内的蓟运河、潮白河、永定河和大清河四大水系都发源于其他省市,如何公平地利用这些跨界河流的水资源一直是各省市区域水资源管理的难点。特别是我国北方地区水资源匮乏,跨界河流水资源的开发利用关乎区域间经济社会发展权及人民健康生活权。目前,北京多条跨界河流水资源的分配由于缺乏多方认可的理论基础和相应制度,加之目前区域对辖区内水资源拥有事实上的控制权,流域的整体性被破坏。上下游省市间存在着很多矛盾,造成沿线各省市过度竞争性用水,以及水资源的不合理利用和浪费。这种状况的恶化将对整个流域的管水、用水秩序带来灾难性的影响。在水资源日益短缺的北方地区,各方对水资源的需求日益强烈,建立体现流域统一性的水权制度已到了刻不容缓的地步。

运用水权理论,对跨省界河流水权,包括沿线各省市生态用水等公共利益水权进行公平分配后,可以使相邻的各省市对跨界河流水资源进行公平合理的利用。确定上下游各区域的水权,通过上下游的水权流转,减少上下游各区域间的用水冲突,从而达到保护沿线水环境、促进节约用水的目的,同时也使上游得到合理收益。

其次,北京市水权水市场建设是解决北京市水资源短缺问题的重要途径。北京市是一座人口稠密、水资源短缺的国际性特大城市。随着北京经济社会的快速发展,人口、水资源和水环境矛盾将会更加突出。解决北京市的水资源问题,既要加快水利发展,为经济社会的可持续发展提供可靠的水资源保障,同时,要更加注重水资源管理,通过制度创新提高水资源管理水平。如前所述,目前北京市水资源管理制度尚不健全,水资源开发利用的权利和义务缺乏有效规范,水源地得不到长效稳定的补偿,水资源优化配置的市场机制尚未形成。这些既给水资源管理造成了很大困难,又不利于保障用水者的合理权益,使得水资源节约和保护缺乏有效的激励机制。水权制度是现代水资源管理制度的重要组成部分,通过水权制度建设,明晰初始水权,充分发挥产权的约束和激励功能,在此基础上通过水市场建设,利用市场机制实现水资源的优化配置,既能有效破解当前水资源管理的难题,又能促进有限水资源的高效利用和合理配置,是解决北京市水资源短缺问题的重要举措。

最后,北京市水权水市场建设为其他区域的水权制度建设提供了一定的示范和借鉴。随着我国经济社会的持续高速发展,资源对经济发展的约束作用越来越明显,如何在区域内和地区间公平合理地分配有限的水资源,已经成为各地水资源管理的焦点问题。目前,全国还没有一个完整的行政区域开展水权制度建设试点,作为首善之区,北京市水权水市场建设将会为其他地区水权制度建设提供较好的示范和借鉴,对全面推动水权制度建设,建立国家水权制度,提高我国水资源的利用效率和效益,减少区域间水资源纠纷,实现人水和谐以及水资源的可持续利用都有一定的积极作用。

2. 可行性

北京水权水市场建设是一项复杂的系统工程,建设工作量大、涉及面广、任务艰巨,还面临来自首都地位的压力和其他一些困难;但同时也是一个很好的契机,具备相当有利的各项条件。

第一,北京市建立水权水市场的外部条件逐步成熟,相关法律和法规体系亦在逐步完善之中。近年来,我国政府先后制定和出台了一系列与水权制度建设相关的政策法规和指导性文件,国务院颁布实施了《取水许可和水资源费征收管理条例》,水利部颁布实施了《水量分配暂行办法》和《关于印发水权制度建设框架的通知》,初步建立了水权管理的基本制度框架。各地也因地制宜地积极开展实践和探索,取得了一些经验。北京市颁布实施了《北京市水资源管理条例》《北京市城市节约用水条例》等地方性法规,形成了基本的水资源管理制度体系,如取水许可、用水定额、计划用水、水价等制度,为进一步建立健全水权水市场制度体系奠定了很好的政策基础。

第二,南水北调工程的水权分配对于北京市水权水市场建设将起到积极的引导和促进作用。南水北调工程沿线各省市根据需调水量承担了相应的投资,购买了调水的使用权,在工程建成通水后将根据所拥有的水权实施引水和用水。各省市调水的使用权明晰,这在一定程度上为北京市水权水市场建设创造了良好的外部环境条件,对于北京市水权水市场建设将起到积极的引导和促进作用。

第三,内生驱动力在逐步加强。北京市水资源供需矛盾的解决一方面要依靠外调水,另一方面还要依靠用水效率的提高。根据国内外的实践经验,提高用水效率不能只依赖于计划手段,还需要市场手段。除价格导向外,产权激励不可小视,这就需要建立水权制度,培育和发展水市场。随着北京市水资源形势的日益严峻和市场体制的不断完善,水资源的经济性和战略性作用凸显,政府和社会公众的水权意识增强,对明晰水权和充分发挥市场在资源配置中的基础性作用具有强烈的要求和愿意。

第四,北京市已经建成了相对完善的水利基础设施体系。全市范围内已实现了水资源统一配置和调度,分质供水体系基本形成,水资源监测设施相当完备,用水计量基本普及,水资源管理信息化水平显著提升,能够为实施水权管理提供有效的技术支撑和设施保障。

第五,北京市具有水权水市场建设所需的组织基础。北京市城市供水主要由自来水集团和排水集团负责,这两大公司是独立的企业法人单位;而农村还建有农民用水协会,在700多个村建立了村级农民用水协会(分会),这些农民用水协会实行自主管理,独立核算,经济自立,是非营利性经济组织。

随着我国法治进程的加快,水权水市场管理相关法律法规体系的建立与健全,北京市水利基础设施配套的日趋完善,以及我国水权水市场的理论研究和实践探索的不断深入与水管理技术的不断进步,在不久的将来,北京市的水权制度框架将逐步确立,全市各区域、各行业,乃至各用水户的水使用权将得以明晰,水权得以流转,水市场健康发展,全市水资源的利用效率和效益将得到不断的提高。

本 章 结 语

水权是水交易中最主要的内容,是实现水资源转让和交易的前提,是水资源资产化管理的核心。静态博弈与动态博弈中的水交易模型表明,建立水交易市场,不但可以使人们得到更大的福利,而且全社会的总用水量也会下降,只是下降的幅度比不允许交易要小。水权主要可以分为污水排放权和清洁取水权,我国自2000年以来不断加快建设水权制度,但目前还很不完善。作为我国的首都,北京水资源供需矛盾突出,加快建设和完善水权水市场不仅能从根本上约束人们的用水行为,也为其他地区的水权制度提供了示范效应。

参 考 文 献

[1] 蔡守秋. 论水权体系和水市场(上)(下)[J]. 中国法学,2001年增刊.

[2] 胡振鹏,傅春,王先甲. 水资源产权配置与管理[M]. 北京:科学出版社,2003.

[3] 胡鞍钢,王亚华. 转型期水资源配置的公共政策:准市场和政治民主协商[J]. 中国软科学,2000,5:5—11.

[4] 王丽萍. 水价理论初步研究[J]. 长江职业大学学报,2002,19(3):16—18.

[5] 石玉波. 关于水权与水市场的几点认识[J]. 中国水利,2001,2:10.

[6] 王治. 关于建立水权转让制度的思考[J]. 中国水利,2003(13):13—15.

[7] 钟玉秀. 对水权交易价格和水市场立法原则的初步认识[N]. 中国水利报,2001-6-29.

[8] 刘文强. 塔里木河流域基于产权交易的水管理机制研究[J]. 西北水资源与水工程,2001,1.

[9] 毛寿龙. 黄河断流的制度分析[J]. 中外企业文化,2000(76):58—61.

[10] 胡鞍钢,王亚华. 转型期水资源配置的公共政策——准市场和政治民主协商[J]. 中国水利, 2000,11.

[11] 石玉波. 关于水权与水市场的几点认识[J]. 中国水利, 2001,2:31—32.

[12] 陈虹. 世界水权制度与水交易市场[J]. 社会科学论坛, 2012,1.

[13] 柴方营等. 国外水权理论和水权制度[J]. 东北农业大学学报(社会科学版), 2005,1.

[14] 刘洪先. 国外水权管理特点辨析[J]. 水利发展研究, 2002,2(6):1—4.

[15] 黄金平,邓禾. 澳、美水权制度对构建我国水权制度的启示[J]. 西南政法大学学报, 2004,6.

[16] 张仁田,童利忠. 水权、水权分配与水权交易体制的初步研究[J]. 水利发展研究, 2002,5.

[17] 王万山. 浅议国外的水权交易与水权市场[J]. 水利经济, 2004,4.

[18] 傅春,胡振鹏. 水权管理的国际比较与思考[J]. 中国水利, 2000,6:16.

[19] 王治. 关于建立我国水权与水市场制度的思考[N]. 中国水利报, 2001-12-5.

[20] 黄河. 水市场的特点和发展措施[J]. 中国水利, 2000,12:15—16.

[21] 钟玉秀. 水权交易价格和水市场立法原则的初步认识[J]. 水利发展研究, 2001,4.

[22] 毛寿龙. 缓和断流问题的制度分析[EB/OL]. 2002,4. http//www.hwcc.com.cn.

第 12 章　水务产业的市场化建设

一、国内外水务产业发展

（一）美国水务产业

总体而言,美国的水务市场化经历了"公有—合营"的发展历程。早在 20世纪上半叶,在美国政府的投资和管理下,供水基础设施和污水处理的管网基本完成了建设。

与英国、法国相比,水务市场化的程度相对较低,美国的大部分供水企业和污水处理企业都由政府投资兴建,水价较低。水务行业的经营以政府为主,融资方式以市政债券和低息贷款为主,重视水质和环境保护。这是因为美国的水务行业融资渠道多元化,资金来源广泛。尤其是市政债券发行在美国有着十分完善的制度和体系,市政债券的市场庞大而且流动性很高,政府有能力进行债务融资并投资水务等基础设施建设。此外,联邦政府和州政府设立了专项基金和拨款专门为水务设施投资服务。由此看出,政府充足的资金来源保证了水务行业内巨大的资金需求,同时也成为美国进行水务市场化改革的直接动因。

进入 20 世纪八九十年代,由于联邦政府和州政府在不提高税收的前提下向不断增长的人口提供更多更好的供水和污水处理服务,同时为了充分利用私人部门的资源,加上世界范围内的市场化改革,美国政府也积极通过公私合营来改进城市供水和污水处理的基础设施。同英国出售股权的改革方式不同,美国主要以服务和管理合同的外包为主,这是因为美国的水务企业规模较小,没有多少资产可以出售。实践证明,美国这种以外包运营为主的公私合营模式,取得了巨大的成功,政府和公众的利益实现了最大化,获得了美国政府和学术界的肯定。

（二）英国水务产业

1. 从分散到集中（1974 年以前）

英国供水行业的发展先于污水处理行业，城市化发展和工业大革命引起英国国内用水需求的增加，也造成了对水资源的破坏和水环境的污染。面对迅猛增长的用水需求和水污染，水务行业经历了私有企业接管市政水务企业，水务行业再次开始公有化的过程，到 1907 年，政府部门控制了全国 80% 以上的供水量。20 世纪初期和中期，水务企业的收入没有与地方政府的财政预算分开，由地方政府决定水费收入是用于水务运营、水质提高，还是纳入地方财政预算统一支配。

水资源需求的大幅度增加和污水处理率低是 1974 年英国城市水务国有化改革、分流域一体化管理的重要原因。依据 1973 年《水法》，英国政府对城市水务行业进行了重组，将全国划分为 10 个流域，并在每个流域建立了集管理与服务于一身的部门，为所辖流域内的用户提供产业一体化服务（包括原水提取、净水处理、自来水输送、污水收集、处理及排放）。其收入来自水务用户缴纳的水费，资本投资主要来自中央政府的借款，财政补贴和部分商业贷款。为保证地区水务局能负担其费用支出，中央政府设置了一些财务要求，包括地区水务局的投资上限、中央政府借款限制、公司留存资金或储备金限额、运营成本目标等。

2. 城市水务行业民营化（1989 年以后）

英国 1989 年的城市水务民营化改革是世界上规模最大、最全面的政府所有权向投资者所有权转化的改革。1979 年，撒切尔夫人领导的保守党政府开始执政。在新自由主义经济的影响下，英国政府极力在公用事业中推行民营化，试图解决国有时期的污染严重、基础设施更新不足等诸多问题。1989 年，撒切尔政府将英格兰和威尔士地区几乎所有与供水和污水相关的资产转为投资者所有。国有时期的 10 家地区水务局全部改制为提供产业一体化服务的流域性大型供排水公司，其股票在伦敦证券交易所上市交易，原有的管理职责则全部剥离出来由专门的政府监管部门承担；国有时期已经存在的 29 家只提供供水服务的私有小型水务企业仍被政府保留下来，为原有用户供水。

为配合这次城市水务行业的民营化改革，英国政府根据事前已颁布和实施的各项法律条文,制定了较为完备的监管体系对水务企业进行监管。政府设立了水务监管局(水服务办公室)、饮用水监察署(饮用水督察办公室)和环境署三个独立的监管机构,分别从经济、饮用水水质和环境保护三个方面实施监管。水务监管局每 5 年进行一次水价定期评审,其中包括估算水务企业合理的资本结构和收益率。

(三) 中国水务产业

1. 历史发展进程

中华人民共和国成立以来至 1978 年,我国实行高度集中的计划经济体制,政府利用行政手段配置各种资源,供水和污水处理都是由政府垄断供给的。由于财政投入不足,水务事业发展缓慢。

1978—1992 年,初步引入外资,重视招商引资,初步形成多元化投融资主体;污水处理取得初步发展;启动供水收费机制。

1992—2002 年是特许经营模式的萌芽阶段,水务企业初步进行产权改革,成立了一批国有独资的有限责任公司;水价改革进一步完善;明确市场化准入机制,首次触及产权领域。

2002 年以来是特许经营模式的快速发展阶段。我国政府连续出台一系列政策深化水务市场化改革;水务企业产权改革深化;投资规模进一步扩大,形成了多元化运营模式;水价制定逐渐合理化。

2. 特许经营模式

市政公用事业特许经营是指政府按照有关法律、法规规定,通过市场竞争机制选择市政公用事业投资者或者经营者,明确其在一定期限和范围内,经营某项市政公用事业产品或者提供某项服务的制度。城市供水、污水处理行业依法实施特许经营。

3. 我国水务市场化运营模式

目前,我国正逐步实现从计划经济体制向市场经济体制的转型,党的十八届三中全会提出"使市场在资源配置中起决定性作用",作为"准公共产品"的城市供水和污水处理逐渐交付市场运营,政府部门渐渐"放手"。而特许经营是公共产品市场化的主要模式,因其具有将私人部门的财力与市政公用事业建设相结合的作用。特许经营主要有以下几种模式：

BOT模式：建设—运营—移交。政府通过与私人部门签订特许经营权协议，授予其特许经营权，由私人部门计划、建设并经营市政基础设施，并取得合理收益，在特许期满后，私人部门无偿将项目移交给当地政府部门。

TOT模式：移交—运营—移交。政府部门或国有企业将建设好的项目在一定期限内的产权或者经营权，有偿转让给投资人，由其进行运营管理，投资人在规定的期限内通过经营收回投资并得到合理的收益；在约定期满后，投资人再将项目移交给政府部门或者国有企业。

O&M模式：运营与维护的外包或租赁。拥有水务设施的政府部门与私人部门签订合同，把水务设施的运营和维护工作交由私人部门来完成。

股权出售模式：通过向社会公开招标的方式，把国有资产的部分股份转让给外资或者国内非国有资本，组成新的股份制企业，同时，政府授予新股份制企业一定的特许权。

（四）比较与借鉴

英国是全球在水务领域唯一实现民营化成功运作的国家，形成了有效行业监管与政策优惠下的民营化模式，其完善的监管制度和特有的政府参与方式是正在或即将实行水务改革的国家必然的研究对象；美国在自然环境、水务企业所有制、数量规模、运营模式等方面都与中国目前城市水务行业的状况十分相似，但是美国的城市水务整体状况明显好于中国，特别是城市水务行业的市场化程度非常高，政府和企业都可以通过市场筹集城市水务投资和运营需要的资金，而且政府还为企业提供长期的低息政策性贷款，它的资金募集与使用模式也值得我们学习。

在我们看来，借鉴英美等国的模式，我们可能采取的措施有：

第一，将水务投资与运营分离，强化政府的投融资责任，开辟更多长期、低成本的融资渠道，并建立合理的投资回收机制。

第二，推行公私合作模式，增强水务运营市场的竞争，最大限度地发挥政府与私人企业的优势，促进水务企业运营效率的提高，保证水务企业良好的财务状况和合理的资本结构。

第三,建立完善的法律框架,并依法设置系统的监管体系,达到强化政府行业监管责任的目的。

二、水务产业链

在经济活动的过程中,各产业之间存在着广泛、复杂、密切的技术经济联系,因此,人们将各产业依据前、后向的关联关系组成的一种网络结构称为产业链。产业链的实质就是产业关联,而产业关联的实质就是各产业相互之间供给与需求、投入与产出的关系。

(一) 水务产业链的构成

水务产业主要提供公共服务,包括原水生产、自来水生产、管网建设、污水处理、中水生产等子行业,形成了一条完整的水务产业链(见图12-1和图12-2)。

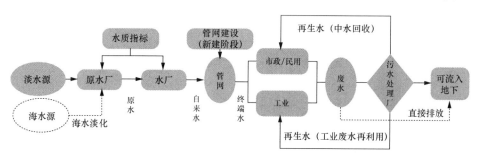

图12-1　水务产业链

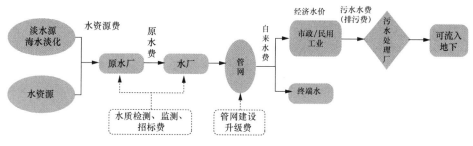

图12-2　水务价格链

我国的水务企业一直被归为公用事业,过去均由地方政府管理。近年来,随着我国水务改革的深入,引入了外资与民营资本进行收购与重组,对于我国水务企业的市场化起了不小的推动作用,同时进行了许多改革以及尝试了创新的水务商业模式。

1. 原水供给

原水是指取自天然水体或蓄水水体,如河流、湖泊、池塘或地下蓄水层等,用作供水水源的水。随着技术发展,海水也被纳入供水源。在水资源相对丰富的南方地区,原水的取得相对容易,许多自来水企业直接在河流或湖泊中就近取水。而在水资源匮乏的地区,需要单独开发规模庞大的原水系统,如中国目前最大的原水工程——南水北调工程。

原水行业通常的运营模式是通过建设水库等蓄水设施将天然的水资源开发储存起来,并通过管网将其输送到自来水厂,同时收取相应的费用,如海水淡化的相关费用、水资源费等。而随着水需求不断增加,海水淡化相关技术产业不断兴起,如反向渗透的膜及关联设备的生产厂商不断增加,形成了新的原水供给源。

2. 自来水厂

一般由自来水厂,如北京自来水集团(国有独资),负责供水业务。其先对原水进行处理,处理之后是能够达到国家相关水质要求的自来水。本环节一般由国家统一管理,鲜少有市场交易。

3. 水质监测

取得环境污染治理设施运维资格的相关单位,可以根据《生活饮用水卫生标准》对水质进行监测。随着国家对环保的日益重视,水质监测行业的竞争将不断加剧。

4. 管网建设

即水的供应传输管道建设。一般由政府主持,工程通过招标分配给企业承包完成。

5. 节水行业

农业滴灌是节约农业用水、提升水利用效率的有效途径。先进高效的灌溉技术应用比例低,未来市场空间巨大。我国喷灌和滴灌面积的数量,以及占灌溉面积的比例都很小,因此节水灌溉行业是一个快速成长的行业。

6. 污水处理

我国水污染日益严重,威胁着水资源战略安全。水处理行业近年来得到了迅速的增长。此环节是交易的重要环节,国资企业、上市公司、外资企业、民营企业都有参与。

目前国内的相关企业,如中国水务投资有限公司,正致力于建立城市供排水、污水污泥及固废处理、苦咸水淡化等一体化水务及环保产业链。

7. 再生水

污水经过适当再生处理,可以重复利用。我国水资源贫乏,再生水业务存在着很大的发展空间,将成为解决我国水资源缺乏问题的重要手段。世界上很多发达国家和发展中国家很早就开始利用再生水,我国城市污水再利用刚刚起步,存在很大的市场发展空间。

（二）水务企业发展分析

我国水务产业链中的上市公司如表 12-1 所示。

表 12-1　水务产业链相关上市公司

供水运营	江南水务、兴蓉投资、武汉控股、南海发展 重庆水务、洪城水业、首创股份、国中水务 中山公用、创业环保、城投股份、桑德环境	市政污水 处理	江南水务、兴蓉投资、武汉控股、南海发展 洪城水业、首创股份、国中水务、创业环保 中原环保、城投股份、中山公用、桑德环境
水产升级	国中水务、中电环保、网邦达、巴安水务 津膜科技、碧水源、开能环保、南方汇通	工业污水 处理	中电环保、万邦达、巴安水务
海水淡化	南方汇通、亚太科技、首航节能、南方泵业 双良节能、津膜科技、碧水源	污水处理 设备	国中水务、中电环保、万邦达、巴安水务 津膜科技、碧水源、开能环保、南方汇通
水质监测	聚光科技、天瑞仪器、先河环保、华测检测 雪迪龙	污水处理 工程	重庆水务、洪城水业、首创股份、国中水务 中电环保、万邦达、巴安水务、津膜科技 碧水源
管网建设	新兴铸管		
节水滴灌	大禹节水、新疆天业	节水滴灌	兴蓉投资、南海发展、天通股份、宝莫股份

1. 水务上市公司

我们选取了其中 20 家水务产业链相关上市公司,对它们 2010—2013 年的主要财务数据进行分析。

从水务产业链细分市场来看,目前国内水务上市公司主要从事的是传统的供排水业务,按照业务地区性分布的特点,又分为全国性和区域性企业。其中,北京首创、桑德环境、创业环保、国中水务等是全国性投资运营公司;重庆水务、兴蓉投资、中山公用、武汉控股、江南水务、中原环保、洪城水业、钱江水利、瀚蓝环境等则是区域性投资运营公司。后者主要是获取水务产业链中端的投资运营服务环节的利润。其中较为特殊的是桑德环境业务中75%为工程业务,赚取的是前端工程建设的利润,盈利在工程项目完工后体现,短平快的特点突出。

其他细分领域的标志性公司多为民营背景的上市公司,如以碧水源、津膜科技为代表的膜技术公司,以万邦达、中电环保为代表的工业水处理公司,以及以三川股份为代表的智能水表业务。

(1)营业收入

整体来看,20家水务上市公司2013年总计实现营业收入292亿元,比2010年增长了75%,复合年增长率为21%,略高于"十二五"节能环保产业规划中预期的18%的增长率。

从收入规模上看,全国性投资运营公司的收入规模较高。首创股份2013年收入排名第一,凭借其多年在水务产业链上的大力拓展,项目数量和收入规模不断扩大;桑德环境、国中水务向水务产业的多个细分领域拓展,复合年增长率分别达到40%和57%;创业环保收入增长主要来源于存量项目的水量增长,复合年增长率为6%。

区域性投资运营公司出现分化,一方面,有大股东支持的公司因并购获得收入的快速提升,如兴蓉投资2012年收购公司控股股东持有的成都市自来水有限责任公司100%的股权、成都市排水有限责任公司100%的股权、成都市兴蓉再生能源有限公司100%的股权,武汉控股2013年收购武汉水务集团持有的武汉市城市排水发展有限公司100%的股权,两家公司的复合年增长率分别达到58%和28%。另一方面,有些区域性运营公司没有战略扩张和优质项目的增加,收入增幅大多低于行业平均水平,如重庆水务尽管收入规模在20家样本公司中排名第二,但复合年增长率仅为7%,其增长主要来源于重庆地区水量的自然增长,中山公用年营收增长率仅为1%。

膜技术公司的收入增幅最快,如碧水源的年增幅为84%,津膜科技的年增幅为37%,分享了水务市场做大的最大收益。碧水源2013年收入达到31亿元,从2010年的第十二名跃升至2013年的第三名。水表、工业水处理等偏市场化运营的公司年增幅均超过了 20%,市场正在逐步培育,预期增速会加快。

这 20 家公司年收入的变化趋势基本与水务行业"十二五"规划高度契合,各个细分领域都获得了不同程度的发展。

(2)归属于母公司净利润

20 家水务上市公司 2013 年总计实现归属于母公司净利润 71 亿元,与 2010 年相比,复合年增长率为 14%。

各公司利润出现了苦乐不均的两大趋势:

一是新兴细分领域的高成长性和传统供污水运营利润的稳定或下滑同时存在。膜技术公司碧水源年增幅为 68%(20 家公司之首),津膜科技年增幅为 30%;传统供污水投资运营多家企业如中山公用、中原环保、钱江水利、瀚蓝环境出现了下滑,2013 年利润不及 2010 年,洪城水业、创业环保 2011—2013 年利润的复合年增长率不到 2%。这说明传统的供污水经营利润远不及新兴的膜技术等细分领域。

二是区域性供排水投资运营企业的利润同样是自然垄断,但效益差异巨大,如重庆水务、兴蓉投资、中山公用 2013 年归属于母公司的净利润分别是 18.77 亿元、7.46 亿元和 6.08 亿元,在 20 家公司中排名第一、三、四名。中原环保和钱江水利 2013 年利润为 0.6 亿元和 0.19 亿元,排名第十九名和二十名。

供水和污水投资运营,创造的社会价值多于经济价值。相关的膜技术、工程等细分产业收获了更多的经济价值。

综合分析首创股份、桑德环境、创业环保等全国性投资运营企业,其战略目标尽管略有不同,但大体上均为拓展全产业链、扩大市场份额、打造综合环境服务等,经过"十二五"期间前三年的发展,收入和利润均实现增长,基本保持了行业第一梯队的位置。

区域性供污水投资运营企业的业绩变化呈现上下波动态势。兴蓉投资和武汉控股的收入和利润快速上升,多与大股东注入优良资产有关。重庆水务由于地区性限制和战略限制,业务未有明显拓展,收入和利润增幅有限。部分区域性供污水投资运营企业,如中山公用、中原环保、钱江水利、瀚蓝环境等,尽管收入增长,但由于供污水市场经营的低收益特点、成本管控差异,利润出现了不同程度的下滑。

膜产业在"十二五"期间的发展尤其引人注目,其代表性企业如碧水源、津膜科技拥有适应市场和环保大趋势的技术,是其快速发展的关键。

智能水表、工业水处理公司目前所在的智能水表、工业水处理细分市场前期处于培育期,未来面临大的市场机会;管网行业尽管市场巨大,但市场竞争激烈,成本控制难度大,利润难以有跨越式的提升。

2. 发展趋势预测

根据调查分析,未来水务企业可能出现五大趋势:

第一,强者恒强、赢者通吃是未来水务产业链企业的发展规律。预计"十三五"期间将产生市值近千亿元的公司。水务产业将进入行业并购整合时代,以大吃小、以强并弱,只有加快发展,增强竞争能力,才能生存下去并赢得发展。

第二,细分市场的龙头企业与全国性投资运营公司、全产业链公司各领风骚。

第三,拥有引领水务市场核心技术的公司,将获得最快的发展。水务产业必然会受到物联网、大数据、新能源等的影响,进而对行业未来的发展格局和产业现状带来深刻的变化。

第四,国际市场并购的实例将更多出现,我国水务企业的国际化进程进一步加快。出于拓展国际市场、获得核心管理和技术、增强发展能力等目的,我国水务企业将大力进军国际市场,出现一批国际级、有世界影响力的水务企业。

第五,创新商业模式的企业拥有强大的生命力。对于农村用水、海水淡化、污泥处理等未来的蓝海市场,商业模式的创新尤为重要。"商业模式 + 融资模式 + 收费机制 + 市场空间",奠定了企业未来的发展空间。谁占据未来最有潜力、市场容量最大、商业模式最清晰的细分市场,谁就能获得最持久的生命力。

(三) 水务产业长链和市场长链

1. 水务产业长链与市场长链

水资源产业是指水资源开采、储运、监测、检验、销售及后续服务等环节上集聚的企业及市场活动的总和,包括公共服务和私人产品供给,比水务产业的范围更广。水务产业长链是描绘水资源产业集合在上下道工艺顺序上整合程度的一个具象结构概念,它可以帮助我们走向抽象进而在机制意义上理解产业的成长缺陷与改进路径。

设定全球水资源产业上下道工艺顺序集合,1,…,i,…,m 为水资源产业链条环节数,若第 i 个链条环节上集聚的企业个数为 X_i,则水资源产业链上的厂商总数为 X,

$$X = \sum_{i=1}^{m} X_i$$

由于大车间制造经济的快速发展,当今绝大多数产业链都是 19 世纪 80 年代以前链条环节的倍加数字或几何倍数字,我们称其为长链产业。由于水资源的原料稀缺性和消费必需性,其生产过程还增加了与工业品不一样的质量监测和检验环节。

配套于水务产业长链成长的是市场长链的成长(见图 12-3)。给定全球水务产业链 1,…,i,…,m 个环节,其 x_i,x_{i+1} 环节上集聚的企业间形成卖出产品和购入原材料的交易关系。若这些企业交易的产品是水资源原料,则在业界被称为大宗商品市场;若是加工后的各类水商品,称为中间体市场;若是单类,称为中间品市场。显然,这些市场如果能够依据上下道工艺顺序在抽象空间中排列为一个个互相套嵌的类链条环节,能够帮助我们更好地理解市场的成熟程度。这一理解具有革命性的意义,我国在改革开放后的三十多年里,拥有了世界工厂式的车间数量规模,也具有世界第一数量的中间品市场规模。但将其连成一个链条,从成熟度上来看,我国市场长链的最高形态仍然在世界上的排位很低。

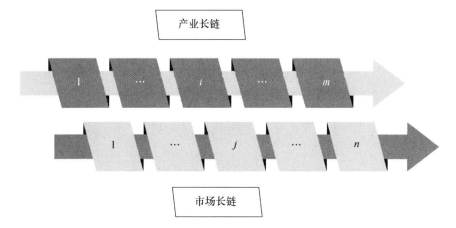

图 12-3　水务产业长链和市场长链配套成长

设水务产业的市场长链的链条环节数为 1,…,j,…,n,若第 j 个链条环节上

集聚的企业个数为 y_j,则水务产业链上的厂商总数为 Y,

$$Y = \sum_{j=1}^{n} y_j$$

与 20 世纪 80 年代比,今天人们已经大体上明白了市场长链配套于产业长链的成长才能使产业成长的路径更优。更为重要的是,处在市场长链中的某一市场,其业态形式越高,第三方交易的机制越趋于合理,则整合上下道工艺顺序上的关联市场以及广域范围同类交易市场形成定价话语权的能力越强。

2. 水务产业长链缺损条件下市场长链的修复功能

给定物理实点,当水务产业链条环节在当地短缺第 i 个环节时,该环节上集聚的企业在原料采购方面只能以第 $i-1$ 个环节的价格为参照,在产品的销售上只能以第 $i+1$ 个环节的价格为参照。由于没有市场制度的支撑,该地的经济体在第 i 个环节失去形成核心竞争力的能力(见图 12-4)。

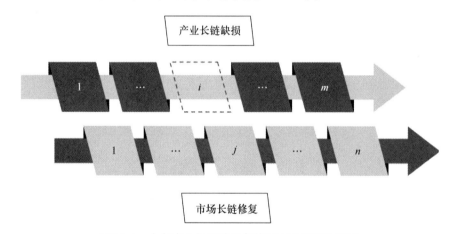

图 12-4　水务产业长链缺损条件下市场长链的修复

但是,如果思想实验倒过来,在该地物理实点 150 千米半径范围内存在一个市场长链,且其规模适度,结构合理。比如,与第 i 个环节对应的第 j 个市场存在,则完全有可能动员起存量产业成长资源,激励处在第 $i+1$ 个环节上集聚的企业和处在第 $i-1$ 个环节上集聚的企业向第 i 个环节投资——原因在于关联产品价格在第 j 个市场上揭示了较高的投资报酬率(给定技术和要素市场同样)。

三、北京水务产业市场化

（一）北京水务发展现状

中华人民共和国成立后,北京水务事业大体经历了四个发展阶段,即整修恢复与初步建设时期、大规模建设和调整时期、巩固配套与重点建设时期,以及城乡水务统筹建设管理时期。在半个世纪的历史进程中,首都人民齐心协力,兴建水库,开挖引渠,整治河湖,扩建水厂,治理污水,续写着辉煌的篇章。

21 世纪初期是北京水务事业发展的机遇期。为加强对全市水资源的集中统一管理,建设节水型社会,经国务院批准,北京市政府决定,成立北京市水务局,并于 2004 年 5 月组建。作为市政府的组成部门,北京市水务局承担了本市全部的水行政管理职责,主要包括水务规划、水资源管理、供水、节水、排水、污水治理、水工程管理、水环境保护、防汛抗旱,以及水政监察与执法等内容。

目前,北京水务产业主要由两大国有企业——北京市自来水集团和北京市排水集团来运行。两者在北京市水务局的管理下,相互衔接形成北京水务服务体系,如图 12-5 所示。

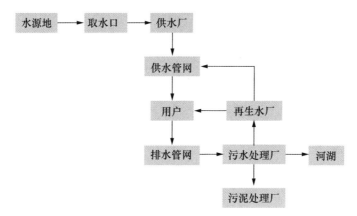

图 12-5　北京市水务服务体系

北京市自来水集团负责北京中心城区(市区),以及门头沟、延庆、密云、怀柔、房山、大兴、通州等郊区县和新城的供水业务,兼营再生水、污水处理,供水工程设计、施工、安装,管网抢修,管件器材,水表制造,供水材料贸易等业务。在供水能力、自来水水质、资产规模、技术装备、企业管理和经济技术指标等方面,均居国内同行业领先水平,是目前我国规模最大、最具影响力的城市供水企业之一。

北京市排水集团以雨污水的收集、处理、回用和城市防汛保障为主营业务。对市区排水和再生水设施逐步实现集中系统化管理,现运营的设施包括雨污水管网4 719千米,泵站89个,污水处理厂8个,再生水厂6个,再生水输配管网670千米及大型再生水提升泵站2个,污泥处置设施4个。服务保障功能不断增强,现年处理污水能力为9.74亿立方米,再生水回用能力为5.6亿立方米,污泥处置能力为100万吨,集团的排水和再生水服务能力与贡献率占北京中心城区的95%、全市的80%。在服务北京中心城区的同时,北京市排水集团的能力优势和服务区域不断向郊区、外埠地区扩展,积极参与大兴、房山、平谷、延庆等区县的污水治理工作。

(二) 北京水务市场化可借鉴模式

自来水供应和污水处理都具有显然的自然垄断性质。这里的竞争只表现为准入竞争,常以政府招标、企业投标的形式进行。当然,对于北京市自来水集团和北京市排水集团这样的大型国有独资企业集团,它们的准入是历史沿袭的结果,故不在讨论之列。现在只有一些小的污水处理工程,特别是在北京市的城乡结合部(五环周围),还要进行招标活动,由准入竞争来确定由谁来承担工程。工程建成之后的运营和维护可以由该企业来做,也可以转移给另一家企业来做。与其他公用事业类似,北京水务市场化有多种可借鉴的模式:

1. 服务的外包模式

城市公用事业可以以合同的形式承包给民营企业去完成。

2. 经营和维护的外包或租赁模式

政府部门可以通过与民营企业签订合同的方式,将基础设施的经营和维护工作交由民营企业去完成。经营和维护实行承包的目的在于提升基础设施服务的效率和效果。

3. LBO（租赁—建设—经营）模式

民营企业被授予一个长期的合同,利用自己的资金扩展并经营现有的基础设施。它往往根据合同条款拥有收回投资并取得合理回报的权利,同时必须向政府部门缴纳租金。

4. BTO（建设—转让—经营）模式

民营企业可以为城市基础设施融资并负责其建设。一旦建设完毕,该民营企业就将基础设施的所有权转移给有关政府主管部门。然后,政府部门再以长期合约的形式将其外包给民营企业。

5. BOT（建设—经营—转让）模式

在政府授予的特权下,民营企业可以为城市基础设施融资并建设,拥有和经营这些基础设施。在特定的经营期限内,它有权向其他用户收取费用。等期限结束,基础设施的所有权就要转让给有关政府部门。

6. 外围建设模式

民营企业可以投资建设公共基础设施的一些附属设施,然后在一定的期限内经营整个基础设施。这种制度安排的目的是在资金不足的情况下仍能扩展基础设施服务。

7. BBO（购买—建设—经营）模式

在这种模式下,现有的基础设施被出售给那些有能力改造和扩建这些基础设施的民营企业。民营企业在特许权下,永久地经营这些城市基础设施。在出售前的谈判中,公共部门可以通过特许协议对基础设施服务的定价、进入、噪声、安全、质量和将来的发展做出规定,实施政治控制。

8. BOO（建设—拥有—经营）模式

在这种模式下,民营企业依据特许权投资兴建基础设施,其拥有这些基础设施的所有权并负责经营。当然特许权的获得也不是无条件的,它必须接受政府在定价和运营方面的种种管制。长期所有权为民间资本注入基础设施建设提供了重要的财政上的激励。

本 章 结 语

本章论述了英美两国和我国的水务发展情况,并进行了对比。英国和美国的水务市场化程度高,而我国城市的水务服务还是"准公共物品"。结合对一般水务产业链的分析,提出水务产业"产业长链"和"市场长链"的概念,有助于我们走向抽象进而在机制意义上理解产业的成长缺陷与改进路径。针对北京水务产业中北京市自来水集团和北京市排水集团的垄断性质,北京应借鉴多种市场化模式,加快水务产业的市场化进程。

参 考 文 献

[1] 丁熙琳. 中英美三国水务企业资本结构比较与启示[D]. 西南财经大学, 2007.

[2] 魏文杰. 我国水务市场化运营模式研究[D]. 中国海洋大学, 2011.

[3] 张刚, 米大鹏. 缺水条件下北京市水市场构建与水价形成机制(二)[J]. 水利科技与经济, 2004,5.

[4] 孙洁. 城市基础设施的公私合作管理模式研究[D]. 厦门大学, 2006.

[5] 顾妙根. 公用事业民营化方式及其选择[D]. 浙江大学, 2006.

[6] 梁远. 北京排水集团发展战略研究[D]. 北京交通大学, 2006.

第六篇

北京水未来：人然生态
意义上的综合修复与重构

第13章 北京水资源供需动态失衡逆向修复的基本途径

一、启动水环境动态失衡逆向修复工程

（一）水环境逆向修复的基本原理

以可持续发展的角度来看,必须在水资源动态均衡破坏与修复的意义上战略思考500年前华北地区的成水过程和今天的成水过程,虽然有长周期波动因素,但是基本没有太大的区别。清朝以前老天爷给北京多少水,今天给的总量也差不多。人和经济在生产过程中需要水,但并不是消灭水。一吨淡水输入加工过程后,出来还是同样多的水分子,总量不会少。问题出在随着经济的发展,生产和生活的需水过程驱动人们对北京地区的蓄水构造造成了伤害,破坏了均衡。既然均衡是经济破坏的,经过适当的激励和反工程途径,北京和华北地区的人们能够修复水资源动态供需环境的均衡。

近年的生态和水资源保护工程有很多合理的方面。例如,农业方面的节水技术有输配水系统、减少灌溉中水分的渗漏和蒸发、减少土壤表面蒸发、完善灌溉、雨水收集、抗旱品种的选育等。工业方面的节水技术有提高工业用水效率、推行清洁生产、节水用水管理等。

最近,关于节水型社会的讨论将水资源的保护上升到了消费者行为和社会层面。但是,水资源的保护在宏观管理层面,应该上升到人和环境和谐的可持续高度。综合多年的水环境保护经验,启动水环境动态失衡逆向修复工程才能完成任务。水环境动态失衡逆向修复工程包括以下几个方面的内容:第一,在区域水系逆向修复的意义上,比如在华北水系动态均衡破坏环节的认证上应加大单

个学科研究,避免治理手段上只问一个"所以然",而在多学科视野下还有"深层所以然"的形而上学工程治理。第二,在城市核心竞争力可持续的意义上,于整个水系范围辨认(证)华北水系的成水构造、蓄水构造和用水构造的典型特征,对水系中的构造进行分类编目。第三,在上述基础上,寻找上述三类构造中类和目遭到破坏的实证数据,寻找构造的"癌变"破坏过程。第四,寻找"癌变"过程的动力来源,运用经济手段、制度建设和多种途径的结合,阻滞"癌变"生长点。第五,运用水系破坏过程的逆向工程方法,修复破坏环节。

目前研究的结论是,北京的三类构造中,因为多年地下竖井取水,受制于地下水权建立的复杂性和高昂成本,竖井取水变为密集式地下竖井取水,竞相加深地下取水口的密度和深度,在一个较小的物理范围内形成蓄水构造层层破坏的"漏斗形"癌变。水权市场滞后是导致癌变的制度原因。在用水构造中,由于水价市场缺失,居民用水行为得不到"成本增加改变行为"的制度激励(惩罚),用水规模调整达不到优化水平。在成水构造中,虽然"空天"高度的构造部分没有遭到严重破坏,但连接空天于一体的微观地理构造遭到较大破坏,亟待启动生态修复工程。

(二)水环境逆向修复工程的实施步骤

第一阶段:① 从 2016 年开始,利用 3—5 年的时间,启动华北水系成水构造、蓄水构造和用水构造的分类与认证研究,建立华北五省分数据库和中心数据库。这一过程的核心内容是运用卫星和其他地下数字技术,对三个水构造进行模拟、分类以及实地认同。② 在同一时间,进行北京居民消费用水阶梯定价机制的前期工程研究。北京水价体系听证决策几年来未能改变的原因在于水价体系交换和监管的成本太高。水价体系随不同消费人群"偏好序列"变动的适时反应在于数据库的建立。只有在数据库跟踪的基础上,消费者行为才能对水价体系做出高弹性的反应。否则,可能是一种低效的行为矫正过程。

第二阶段:2019—2020 年,运用数据库处理方法,对北京地下漏斗型"癌变"蓄水过程进行模拟归类后,尽快建立取水水权市场,避免北京未来蓄水构造的逐步恶化。建议在此期间,出台华北地区水系间水权市场实验区。实验区可分为两类:一是北京地区密集式竖井取水专业水权市场实验区;二是北京与周边地区综合水权市场实验区。然后在华北五省推广,为遏制水资源构造的恶化提供经验。

第三阶段:2021—2025年,启动地下水资源蓄水构造修复工程。在水权数据库、水市场消费数据库以及水构造数据库的基础上,三库合成,设计出水环境动态失衡修复的操作程序。比如,通过蓄水构造的修复,使地下水位逐渐提高到20世纪60年代以前的水平。

第四阶段:2026—2030年,华北五省整合,全面恢复华北水系,找回华北地区丢失半个世纪以上的生态良性均衡,恢复优美的北方人居乐园。

二、区域协调与疏解首都非核心功能

2013年,北京常住人口总数为2 114万人。这两年每年新增常住人口约45万人。总的来说,未来15—20年,北京常住人口会有进有出,但进还是大于出,人口规模还会继续膨胀。

如果下大力气严格控制的话,从现在到2020年,每年平均会增加30万人左右。北京的人口2020年前应控制在2 300万以内,2020—2030年,应控制在2 700万左右。如果不以牺牲人民所期望的环境质量和现代化生活质量为代价的话,人口不能超过这个界限。

未来几年是北京及其周边地区退耕还湖造林、恢复湿地、修复生态、治理环境、建设美丽北京的关键转折期。最关键的是停止超采地下水,并补充多年超采地下水造成的亏空,逐步使北京地下水位从目前的24.5米恢复到适宜的8—10米上来。在这个时期,如果控制不力,北京人口超过2 300万,我们就没有足够的水来支撑生态建设,北京的自然生态环境就不会显著改善,不得不牺牲人们所期望的更高的环境质量和生活质量。

北京地区总面积为1.64万平方千米,平原约为0.6万平方千米,如果不考虑其他因素的限制,从国际大都市圈的经验来看,北京承载3 000万以上的人口是完全没有问题的。事实上,无论是中心城还是整个市域的人口密度,和国外大城市比起来确实不算高,北京中心城人口密度大约只有东京、伦敦、纽约等国际

◆◆◆

209

大城市的 60% 左右。

2013 年,北京的水资源缺口为 11.8 亿立方米,水已经严重限制了北京人口承载力的增加。北京在目前的用水效率下能够承载 2000 多万人口,是以地下水长期超采甚至牺牲周边地区用水为前提的。

北京城市功能疏解的关键在于疏解两类非首都核心功能。首先是首都非核心功能,如非核心的行政性服务、非核心的科教文卫事业性服务。国家设立的公共部门,其区位选择国家有直接决定权,因此,政府应该在迁移这类部门上下工夫。其次是非国际性、全国性总部经济功能。北京要建设世界城市,所以国际性的、世界性的以及全国性的重要总部职能应该继续保留,而区域性的总部职能和物质生产功能,包括区域性央企总部,应该向外疏解。举个例子,北京的航空应该侧重的是世界性、国际性的航空枢纽功能。这样就可以把国内区域枢纽功能转移到天津或石家庄。

至于要把这些功能疏解到哪里去,可以分两个层次:一是向一小时都市圈、京津冀交界的北京外侧疏解,这个层次限于北京轨道交通、公交等基础设施可以延伸到的范围,在这里,北京可以和周边地区在边界外侧共建跨区域的经济功能区、保障性住房、跨区域养老基地。例如,京冀可以共建新机场临港经济区,京津可以在天津宝坻共建中关村科学新城。二是向一小时都市圈以外的更大的首都经济圈疏解。南水北调中线水源地也可能成为北京功能转移的一个承接地,但主要是一小时都市圈以外的河北、天津。

这里,有几个重要的问题值得研究。第一,借鉴韩国新行政首都世宗的经验,选择一个离北京 80—100 千米的地方,高水平、高起点规划建设一个国家行政文化新城,聚集非核心行政性服务、事业性服务;第二,搞好北京和天津的金融分工协作关系,北京坚持金融管理中心的定位,支持天津发展金融市场,共同打造京津国际金融中心;第三,探索中关村先行先试政策向全市甚至向大周边地区延伸,京津合作在天津滨海新区建设中关村国家自主创新示范园区;第四,改变北京单中心的京津冀区域交通体系,建设多中心网络型京津冀区域交通体系。为此,要打造三个快速交通环,从里到外依次为环首都大外环、北京—天津—唐山—保定城际铁路环,以及经天津、沧州、衡水、石家庄、张家口、承德、秦皇岛、唐山的城际铁路大环线,这将大大减少北京过境的交通和人口压力。

三、改革完善水权水价政策规制体系

（一）水资源政策体系与管理体制改进

1. 政策体系

水资源管理包括水源涵养、用水管理和河道保护三个领域,政策目标是保护与涵养地表水和地下水资源,维持一定的水质和水量以满足生活、生产、生态用水。我国的水资源管理政策体系按效力可以分为法律、法规、规章、标准以及其他规范性文件等。目前水资源管理最重要的法律是《水法》(2002年),其从总体上对我国水资源政策法规和管理体制做了规定;《水土保持法》(1991年)、《草原法》(2003年)、《森林法》(1998年)、《渔业法》(2000年)、《土地管理法》(1999年)、《海域使用管理法》(2002年)等法律做出了具体的规定。《饮用水水源保护区污染防治管理规定》(1989年)、《河道管理条例》(1988年)、《取水许可和水资源费征收管理条例》(2006年)、《城市供水条例》(1994年)、《水利工程供水价格管理办法》(2003年)、《大型灌区节水续建配套项目建设管理办法》等法规规章对水源保护、河道管理、取水、供水、节水等的具体实施进行了规定。《生活饮用水卫生标准》(GB 5749-2006)主要规定了生活饮用水水质卫生要求、生活饮用水供水卫生要求、水质监测和水质检验方法。

水资源管理的政策法规体系已基本建立,但仍需进一步完善。总体上,水资源管理政策法规体系中不同法规之间在规范领域或法律层次上不明确,缺乏有效的协调。森林保护、水土保持与饮水源保护不能涵盖水源,水源涵养缺乏专门的控制政策。用水管理政策主要用于管理生产、生活用水的总量,还需加强生态用水方面的规定。河道管理政策相对滞后,停顿在维持利用和初步恢复的阶段。水体生态保护、河岸河底建设、水生生物保护等方面还缺乏实质的规定。

要完善水资源法律法规,涵盖水资源管理的所有范围,水源涵养、用水管理、河道保护都应在相应的法律法规中得到全面规定。针对水源涵养和河道保护在法律法规中没有明确规定的问题,建议将其纳入《水法》,由其进行界定和明确,并在此基础上制定具体的法规、规章、标准等。水资源保护与管理没有专门的立法，水资源的规定散见于各相关法律法规中，导致水资源政策体系的内容和层次不明晰。建议进一步明确《水法》在水资源政策体系中的总领地位，并协调《水法》与其他法律法规在政策上的分工。

2. 管理体制

我国现行的水资源管理体制由《水法》（2002 年）确立，实行流域管理与行政区域管理相结合的管理体制。在国家层面，水利部统管水资源，并制定相关政策法规，农业、林业、海洋、交通等行政主管部门在各自的职责范围内协助管理。在地方层面，流域管理机构和地方人民政府共同管理辖区内的水资源，流域管理机构为水利部派出机构，属于事业单位。

现行的水资源管理体制主要存在以下问题：第一，政府相关部门的职能分割与交叉问题严重，尤其是环保部门和水利部门。根据有关法律规定，水利部主要负责水量，水质由水利部和环保部共同管理，但在政策制定与实施过程，两者无法明确分开，容易造成职能重复或空白。第二，缺乏统一协调机构，各部门长期各自为政。林业、农业、海洋、国土等部门协助管理水资源，但由于协调机制不完善，各部门并不能统一行动，导致政策实施效果不理想。第三，流域管理机构受地方权力限制，难以发挥应有的作用。流域管理机构的设置主要是为了解决行政区域划分割断流域水资源关联的问题，但由于流域管理机构不是权力部门，管理职能被各行政区域分割，其职能主要体现为流域防洪体系建设和重大水利工程管理，对流域水资源开发与利用的管理无实质作用。

针对现存问题，应继续深化水资源行政管理体制改革。首先，完善水资源管理立法，为改革水资源管理体制提供法律依据。科学论证行政机关职能设置的合理性，制定流域单行法，完善行政组织法。其次，打破行政分割交叉，实行各部门统一管理模式。继续推行水务一体化管理，建立单一主管部门、其他部门辅助、多层次协商的机制，明确权、责、利。最后，授予流域管理结构更多的实质权力，建立新型流域管理机制。赋予流域管理机构对地方水利部门垂直领导和考核评价的权力，以实现水利部—流域管理机构—地方水利部门的领导体制。流域管理机构要根据跨行政区管理水资源的需要，合理设计内部管理体制，上层设置流域管理委员会，作为决策机构和跨区域纠纷诉讼前置机构，下层组织协调和管理各级地方水利部门、水务行业、技术专家等。

（二）建设完善的北京水权制度体系

水权是有形载体和无形权利的有机统一,前者指一定量的水资源,而后者指权利和义务。从已经建立的有关水资源管理的法律法规和制度来看,北京在水资源所有权和水资源使用权的制度安排上已经做了很多工作。就水量分配而言,北京在取用水量分配和指标管理上形成了一系列制度:在流域层面,有"永定河干流水量分配方案""拒马河北京和河北地表水资源使用协议";在区域层面,建立了宏观控制和微观管理指标体系;以及用水动态管理机制、用水指标管理制度、用水计量制度等。在权利和义务上也有一些制度安排,主要是集中在水资源节约和保护方面的强制性规定,目的是保护水资源和水环境,如水资源有偿使用制度、排污收费制度、对用水实行分类计量收费和超定额累进加价制度等,但这些更多地体现了水权持有者的义务。水权持有者的权利和义务,尤其是区域内外的权利安排是今后北京水权制度建设的重点。

北京水权制度体系的建设思路可以明确为以下几条:① 明晰水权。清晰界定水资源使用权的权利主体和权利边界,水量的技术边界和法律边界。这是确立水权的初始形态过程,也就是初始水权分配的过程,在这一过程中既要规定经济用水权(水的财产属性),又要规定生态环境用水权(水的非财产属性)。② 建立水权分配制度。规定共享有限水资源的基础条件,保护其他用水户的权利和水系的价值,并明确分配范围、分配对象和分配形式。③ 促进用水户之间的水权交易,利用市场机制确保能不时地对有限的水资源进行适当的重新分配。这种市场机制包括供求机制、价格机制和竞争机制。通过水权市场交易,水权从节水成本低的用水户转让给节水成本高的用水户,促使社会以最低的成本实现水资源的高效利用;通过建立合理的水价机制,以及政府对水资源费征收标准和污水处理费标准的调节,来引导市场水价反映水资源的稀缺程度和水资源的外部性,促使水资源从低效率用途转向高效率用途。④ 加强政府对水市场的监管和社会监督,规范水权交易行为,降低交易成本,保护第三方利益和公共利益。要依靠水市场管理机构,建立水权交易制度体系,保证水权交易有序、健康地进行。

（三）水权交易在南水北调中的应用

近几年来，北京采取了一系列措施来增加本地的水资源供给量，如污水回用、雨洪利用、水资源联合调度、节水等，这在一定程度上缓解了北京的缺水态势。北京的缺水属于资源性缺水，根据北京目前的水资源形势，在采取一切有效措施和充分挖潜后，2010—2020 年仍有 7.8 亿—12.2 亿立方米的缺口。北京与周边地区同属于缺水地区，本地区已无调济水的可能，实施南水北调中线工程，补充北京的水资源供应量，是实现南北水资源合理配置、缓解北京水资源供需矛盾、支撑北京经济社会可持续发展的重要方略。

南水北调中线是从长江中游最大的支流汉江丹江口水库向北引水，沿唐白河和黄淮海平原西部边缘，跨长江、淮河、黄河、海河四大流域，自流输水到河南、河北、北京和天津，输水总干渠全长 1 389.2 千米。中线工程水质良好、水流可靠、覆盖面大、全属自流。中线工程由加高后的汉江丹江口水库，多年平均的可能引水量估计约为 130 亿立方米/年，其中过黄河的约为 70 亿—75 亿立方米/年，建设专用的输水渠道，沿京广铁路西侧，送水到北京。国家根据中线输送目的地的缺水情况分配水资源，确定初始分配权，但区域水资源配置是一个长期的过程，一次水权分配不能满足各省市长期发展的水资源需求，适应市场经济要求，采用水权交易、水权价格不仅能实现长期水资源的区间平衡，而且有利于提高水资源的利用效率。在这个意义上建立南水北调的水市场，激活南水北调的水交易市场机制，价值巨大。

根据水权的经济特征，南水北调中的水权市场应实行政府依法规制、水权营运公司能够进入的"混合市场模式"。在南水北调中建立水权交易的混合市场模式需要分两步走：第一，建立规范完善的政府规制体系，包括颁布实施《水权交易法》、建立独立运行的跨流域调水管理机构和建立严密科学的水权交易实施细则。第二，建立政府规制基础上的完善的水权市场，包括实施"官督商办"机制，培育水权交易市场主体和交易模式。

（四）改革水价制度和水费征收制度

价格杠杆是市场经济中调节供求的主要手段，价格的变化反映了资源供求变化的趋势，引导供求双方调节各自的行为，实现供求平衡。随着我国市场经济体制的逐渐完善、资源市场化配置机制的确立,应充分利用价格杠杆调节水资源的供求。一些国家的经验和统计数据表明:水价提高 10%,用水量下降 5%;水价提高 40%,用水量下降 20%。因此,理顺我国水价体制,改变水价过低、水价结构单一的局面,建立科学、合理的水价形成机制和运行机制,逐步分阶段提高水价,仍然是一个亟待解决的问题。

北京水资源短缺,供需矛盾十分突出。传统的计划经济水资源管理体制已不适应社会主义市场经济的需要,长期采取"取之不尽,用之不竭""以需定供"的方针,认为水资源无价可言,导致产权关系不受重视,管理难以到位,使用效率低,浪费严重。

目前在市场经济体制下,水价远低于供水成本,供水企业承担了过多的公益性、福利性,使其不能有足够的资金建设新的现代化供水设备,成为亏损企业。发达国家的居民用水支出一般占总支出的 2%—3%,而北京市当前只占 1% 左右。适当提高水价,拉开不同行业的用水价格,能促进高耗水行业节约用水的主动性和积极性。利用"取水许可证制度",制定合理的"水价",使供需双方共赢互惠。建立水价累进加价制度,从而以供定需,利用经济杠杆,优化水资源配置,是力争供需相对平衡的重要举措。具体建议如下:

1. 进一步完善水价形成机制和管理办法

建立适合的水利工程供水价格形成机制,逐步将水价调整到合理水平。国家应尽快颁发《水利工程供水价格管理办法》,彻底解决供水的商品属性问题,用法规来明确水费是真正意义上的商品价格。同时,规范水价构成、分类、核定的原则以及水价的管理体制,使供水按照补偿成本、合理收益、公平负担的原则,合理制定和适时调整价格,做到每年核算,逐年调整,充分反映当年开发利用成本和条件的变化。

2. 按照公平和效率的原则完善两部收费制度

当前的水费征收普遍采用"两部收费制度",即实行基本水价和计量水价,定额内的用水征收基本水价,超过定额按照累进加价原则征收。从实施效果来看,两部收费制度在城市生活用水和工业用水领域实行得较好,主要原因在于城市生活用水和工业用水的计量技术较为规范,用水定额比较容易衡量,供水量也比较容易确定(供水量可由城市供水公司的供水能力来确定)。但在农业生产领域,用水定额受自然环境、作物品种、作物种类、灌溉次数、灌溉技术等不确定因素影响较大,衡量较为困难,实施难度较大。同时水价改革要兼顾公平和效率原则,针对不同用水主体、不同地区的经济发展水平、不同群体的收入水平,尤其是在农业用水、生活用水领域,按照可承受的原则确定合适的水价水平,并建立健全水价听证制度,增强水价制定过程的公众参与程度。

3. 加强水费征收的力度和对水费使用的监管

从目前我国的水费征收情况来看,尽管水费收取率平均水平有很大提高,对供水单位的运行费用有一定的缓解,但是仍然偏低,并且水费被挪作他用的现象非常普遍,不能实现"以水养水",也不能体现市场经济等价交换的原则。因此,需要政府加强征收力度,实现用者付费,并对水费的使用情况加强监管,保证水费用于水资源的保护、供水设施的改善等领域。

4. 逐步取消水价补贴

价格补贴是政府用来匡正市场失灵的一种手段,普遍被用于公共资源的配置。而价格补贴又会引起一定的政府失灵,在水资源价格的制定中尤为明显。补贴使价格不能准确地传达资源稀缺、生产成本和消费成本的真实信号,导致经济低效及不合理的资源配置,资源过量耗竭,生态环境破坏,严重危及社会经济的可持续发展。例如,服装行业为了能有"自来旧"的牛仔服,大量使用水磨石布料造成水的大量消耗,但因为有国家给予的补贴,服装行业没有为水资源的大量浪费买单,反倒赚了不少钱。我国长年实行水价的全民补贴政策,居民用水成本还不到水资源真正成本的一半,其余部分均来自财政收入的政府补贴,补贴在某种程度上促进了水资源的浪费。随着水价制度不断完善,应逐步取消和减少水价补贴,使水价真实反映水资源开发利用的全部成本,利用价格杠杆有效地配置水资源,促使节约用水,保护水环境,达到水资源可持续利用的目标。

5. 征收环境税费

政府保护水资源的主要经济手段除了水价之外,还包括征收水资源税和污水排放费等。资源利用会给他人带来成本,许多人通过对环境的利用获得了重大效益,但却可能为这项收益付费甚少或者不付费,由此导致对资源的低水平维护或资源的过度使用。所以,环境税费的征收可以降低人们对水资源的总量需求,减少环境损害,成为更有效率地利用水资源和产生财政收入的刺激手段。通过征收环境税费,可以部分地获取水资源的保护效益,改善管理维护水平,共享开发水资源的利益。

本 章 结 语

通过第三篇至第五篇的论述研究证明,北京水资源供需动态失衡的动力学力矩是由用水构造指向蓄水构造,进而指向成水构造。北京水资源短缺问题已经超出了传统产业发展所引致的总量短缺弥补和污水如何处理的市政工程式的对策范畴。在实验的意义上,研究水环境动态均衡过程的形成机理,运用反工程方法,存在着将失衡过程逆转的理论解。用水构造中城市经济无限增长,并且没有水权及水市场等制度建设矫正用水行为,是造成北京水资源供需矛盾的根本原因。本章根据北京建设生态文明的要求,主要从蓄水构造逆向修复、用水行为制度建设、水务行业市场化和首都非核心功能疏散等方面提出了治理对策。

参 考 文 献

[1] 宋国君,等. 环境政策分析[M]. 化学工业出版社,2008.

[2] 吴雅丽. 完善我国水资源管理体制的法律思考[D]. 重庆大学,2008.

[3] 钟玉秀,等. 北京市水权水市场建设规划研究[M]. 中国水利水电出版社,2012.

[4] 朱宁. 论水权制度在南水北调工程中的运用[D]. 河海大学,2006.

[5] 张晓宇,吴明,曹和平. 中国虚拟水贸易结构变迁及空间分布研究[J]. 思想战线,2014,3.

[6] 王岩,等. 水足迹和虚拟水战略在城市规划环评中的应用:以北京市为例[J]. 北京师范大学学报(自然科学版),2014,6.

第14章　一个可能的政策性试验平台

——北京水资源交易所

本章在大量研究基础上,建议尽快成立北京水资源交易所,并为此提出了北京水资源交易所的构建方案。该方案将从下述几个方面叙述北京水资源交易所的建设和运营实施。

一、北京水资源交易所建设的重要性

我国长期以来依靠行政计划调配水、国家养水、福利供水,这种水资源管理模式权属不明,水价不合理,存在着水权方面的结构性缺陷;与此同时,水生态、水环境保护的生态补偿、长效激励和制约机制的流失,导致用水效率低下、水资源浪费严重,难以对水资源的过量引用和大量浪费施加有力的制度约束。面对日益稀缺的水资源,我国水资源管理体系需要大规模的制度建设,利用行政配置和市场化相结合的机制,对水资源的增量需求进行合理配置。

水权交易市场是水资源使用权和经营权的市场化、商品化交易所形成的市场。它有利于通过水权制度和水权交易的体系建设,来推进和发挥市场在水资源配置中的作用,促使水资源从低效率、低收益的部门和产业流向高效率、高收益的部门和产业,提高水资源利用的效率和效益;有利于政府在水权初始配置后通过水交易来实现水资源的再分配,调剂水资源余缺,促进水资源在用水部门之间的合理分配;有利于激励水权拥有者节约用水及保护生态环境,继而保护水源(一旦水权拥有者通过交易平台交易水权获得经济收益,并且水质越好、价格越高,必将激励他们节水和保护水源)。

目前我国实施的是公共水权制度:水资源属国家所有,所有权与使用权分离;在国家经济计划和发展计划之下统筹水资源的开发利用;用行政手段分配水资源初始配额。在这样的制度体系下,引入市场机制来进行水资源交易,以此提高水资源的配置和使用效率,是国家加快推进水资源市场化、缓解水资源危机的核心手段之一。2011 年,中央一号文件明确提出要"建立和完善国家水权制度,充分运用市场机制优化配置水资源"。2012 年 2 月,国务院出台的《关于实行最严格水资源管理制度的意见》中提出:① 加快制订主要江河流域水量分配方案,建立覆盖流域和省市县三级行政区域的取用水总量控制指标体系,实施流域和区域取用水总量控制;(2) 建立健全水权制度,积极培育水市场,鼓励开展水权交易,运用市场机制合理配置水资源。党的十八大报告再次强调要"积极开展水权交易试点",同时进一步明确我国将推进水权交易和水市场培育,建立吸引社会资本投入生态环境保护的市场化机制,参照国际案例和经验,将一些富水地区的多余水资源转让出去,用市场经济手段促进水资源优化配置和使用效率。国务院新闻办公室 2015 年 3 月 31 日举行新闻发布会,水资源司司长陈明忠就水权交易表示,水利部门正在组织制定一套用途管制制度,同时在四个省选点试行不同类型的水权交易——内蒙古试行工农业用水间的交易,河南试行跨流域水交易,甘肃试行用水户间的交易,广东试行流域内上下游的交易。在此基础上逐级明晰水权,确定一套交易的规则,按计划将在两年到三年内,完成水权交易和确权试点工作。

我国不少专家学者和业内人士认为,确定水权已经成为水资源市场化改革的迫切任务。在确权的基础上建立跨区域水权交易平台,完成水权交易由起步时的价格协商交易到公开挂牌交易的过渡是十分必要的。著名水资源专家、长江黄河集团有限公司执行董事樊峰宇也多次呼吁,我国建立健全水权制度,积极培育水市场,在国家水权制度的基础上设立全国性的水权交易所,促进水权合理流转,健全水量配额、排污权、生态补偿交易等配套机制,运用市场机制合理配置水资源,是非常重要和迫切的。著名经济学家伍新木教授指出,中国的水安全,是制度性缺失。2013 年,伍新木教授在接受《人民日报》采访时明确提出,水资源具有资产的稀缺性、经济性、收益性、权属性、有偿性等五大特征,应该把水资源纳入资产化管理。水资源资产化管理的核心是产权管理,产权明晰是实现水资源转让和交换的先决条件。水资源资产的资本化本质上是水权的资本化。

目前,北京水资源在自然禀赋制约下、人然水资源供需落差下,导致水循环动态失衡。北京市水务局公布的数据显示,全市水资源量多年平均(2001—2012年)为 21 亿立方米,用水需求多年平均缺口为 11.94 亿立方米,人均水资源量不足 150 立方米,根据《北京市"十二五"时期水资源保护及利用规划》,全市"十二五"期间每年水供需缺口仍会保持在 10.1 亿立方米至 11.1 亿立方米之间。地下水的超量开采和跨区调水、引水成为解决缺口的主要手段,缺水成为制约首都经济社会发展、跻身世界城市的首要瓶颈。

北京缺水的实质是经济主体对水资源的过量引用和浪费导致的供需失衡,应该从供给和需求两个方面来解决。在水资源供给不可能大幅度增加的情况下,通过节水政策、法规、技术改造、水价调整等节水措施抑制用水需求量的同时,加强水资源管理,加快培育水市场以期提高水资源利用效率和配置效率,是解决首都水资源危机的有效途径。

北京及周边地区的快速发展为建设北京水资源交易所提供了巨大的市场前景,北京作为世界大都会城市,解决水资源短缺问题,有着划时代的重要意义。使用经济工具,借鉴我国部分地区流域水权转换的试点成果,在国家水权制度基础上建立北京水资源交易所,是北京发展的需要。

北京水资源交易所的意义在于:第一,北京水资源交易所的建立,将打破水管部门垄断水市场的现状,可以促进北京地区水权合理流转及水资源优化配置,有利于水资源管理模式的创新,健全水量配额、排污权、生态补偿交易等配套机制,有利于北京的产业结构调整,有利于北京节水和用水行为的规制和改进等,符合北京地区发展的内生需求。第二,北京缺水的典型特征是资源型缺水和结构型缺水重叠产生"共振"效应。北京水资源交易所的构建,将会在跨区跨流域水交易、生产生活用水流转交易、流域水交易和用水户交易等方面,形成一个综合性的试点平台,成为全国水交易的基准平台。

北京市《"十一五"时期水资源保护及利用规划》提出研究探索水资源管理制度体系建设,而后《北京市"十二五"时期水资源保护利用规划》进一步提出要明确水权制度实施意见,培育水权转让市场,规范水权转让活动等,为首都开展水权交易提供了有力的政策支持。

面对北京水资源的现实和供需失衡,面对南水北调市场化运作的推进,北京水资源交易所将会是一个创新的政策性实验平台,将会在水务市场如何在国家宏观调控下走市场化的道路等理论和实践方面,起到重要作用。

二、北京水资源交易所的定位、功能与目标

北京水资源交易中,大宗商品和权益特性共存,有流域内的水配置、水分配和水交易,也有跨流域的水管理、水分配和水交易,内容涉及水权交易的定价机制、交易机制、流程设计、交易结果认定和权益保障等。在这个意义上,北京水资源交易所是一个综合性的基准交易所。

(1) 定位:中国首个水价及税费创新的 OTC 市场和全国基准水商品交易市场。

(2) 功能:通过市场长链整合产业长链,促进水权合理流转,健全水量配额、排污权、生态补偿交易等配套机制,形成北京用水市场价格,争取水交易的国际话语权。

(3) 总体目标:五年建成全国最大的水交易市场。

(4) 阶段性目标:

起步目标(1—3 年):建成流域 OTC 市场。

成长目标(4—6 年):水产品设计、市场拓展和加盟市场起步。

成熟目标(7—10 年):标准化及建成全国基础交易所。

三、水资源的市场体系构建

水市场体系包括了交易主体、交易客体和交易方式与规则等内容。水权是核心交易产品。水权交易市场可分为一级市场和二级市场两个层面,两者的功能和作用不同(见图 14-1)。

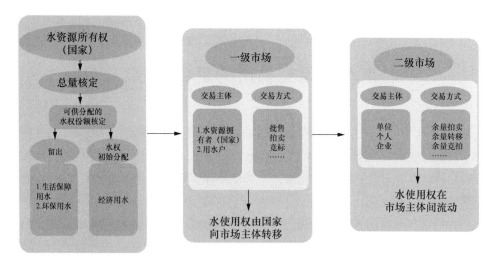

图 14-1　水权交易市场流程

（一）一级市场

一级市场是水权批发、流转市场,初始水权在这里确认。在这里,水资源拥有者(国家或政府)和用水户(公民、法人)通过水权交易,实现水资源使用权由国家向市场主体的转移。基本用水和生态用水的交易主体是政府与相关公共部门,这部分优先保证,一旦完成水份额的初始配置后即终止,不会流入二级市场。可交易的经济用水部分,首先按原则将水权分配给各交易主体,余量部分采取公开拍卖形式进行市场流转。交易的方式可以是水权的批售、拍卖、竞标等,交易完成后国家向用水户颁发取水许可证,并通过控制水权出让总量来调剂水资源的配置额度。

（二）二级市场

二级市场是水权转让市场,也是实现水权再分配的市场。用水户可以把节约下来的水或多余的水方便地转让出去,水资源的使用权和收益权在买卖水户之间合理流动。水权交易平台是保证交易的规范性、合法性和透明性,降低搜寻成本和信息成本的最有效的载体。

四、水资源交易产品和模式

水资源交易指国家正在逐步实施的宏观层面上的水资源交易,如从江河调多少水,对应支付相应的资源费等交易。

水资源交易的种类主要有水权交易(用水权、开采权、排污权等)、水资源交易、水量交易、水质交易、水资源能耗交易等。

水权交易指用水使用权的交易,交易模式主要有水量实物交易和水配额权交易、现货交易和中远期交易等。交易所交易模式长期的发展目标应该为立足于现货市场,大力推动中远期交易,实现多种交易模式的互动发展,并逐步过渡至期货市场。

排污权分为公民排污权和企业排污权,但排污权交易的主体主要是企业,排污权交易的是企业合法取得的富余排污权,交易类型分点源与点源间、点源与面源之间的排污交易,交易方式分为无偿交易和有偿交易。

开采权实质上就是取水证,是指利用取水工程或者设施直接从江河、湖泊或者地下取水的许可牌照。

水量交易。如采用水量直交和"水银行"模式进行交易。

水质交易。这是对水源地和再生源地水体质量控制和激励等形成的一揽子权证交易。

水能交易。如参照碳排放交易的做法,进行节水技术改造降低成本后的水节约能耗的指标交易。

五、治理结构、组织架构与会员结构

(一) 做市主体"三商"形成机理及培育方案

北京水资源市场做市主体的形成机理及培育主要是通过辨识、遴选、培训、增信、认证、持证上岗、上岗试运营和常规运营,以及进入或退出等一系列培育流程来完成的。

1. 做市三商

市场三商是指做市商(market dealer)、成市商(market makers)和价格收敛商(price convergence agent)。做市主体在功能上的区别可以这样来概括：做市商是让第三方市场场内交头活跃的市场主体；成市商是将场外业务导入场内的市场主体；交易服务商和中介是促使价格收敛的市场主体。三商合在一起，一个超越双边交易实点(物流批发市场是典型)、超越宋朝式的商铺集聚(广州中大布料市场是范例)、超越实点 OTC 市场(我国大宗商品交易市场) 的第三方市场——交易所经济就出现了。

2. 做市三商功能结构的图解

图14-2 给出了"市场三商"的功能结构。图中的六角形代表第三方市场的做市商,他们和一定数量的成市商在业务上互动,将场外双边业务中的一部分通过有效的产品设计带入第三方市场中来。围绕着他们是更大数量的成市商,他们一边和实点市场中的厂商联系,形成委托代理关系,一边又和做市商联系,将委托代理中的需求转化为格式化合约,与另外一部分供给合约进行交易和置换。这部分做市主体在图中用较大的 M 圆(M 代表 market maker)来表示。

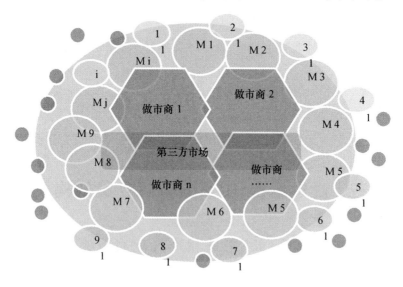

图 14-2　"市场三商"的功能结构

很显然,围绕在成市商周围的是更大数量的其他做市中介,他们被称为交易服务商。这些交易服务商既有专业性质的细分业务中介,如有些仅仅是安检环节的服务商,也有可能是结算中介。当然,有两类交易服务商最值得了解:一类是厂商自己的派出机构或实体,它们的职责是锁定成本收益而对自己企业的存货和收益做周期性对冲;另外一类是专门跨区跨市套利的。他们的买卖行为直接导致了合约中不含标量部分内容(交割价格)的衍生服务价值(合约的净价值,如期权合约的价格)在周期间,在不同实点市场间,在不同行业间的机会成本相等。在这个意义上,我们称其为价格收敛商。价格收敛商在一个功能完善的市场上,其行为后果是期望中性的。但如果市场功能有结构缺陷,这些价格收敛商的套利行为或变为寻租行为。我国证券市场在过去 5 年间突出地表现了这一点。

图 14-2 中,两个同心圆的内圈部分,是第三方市场业务。这部分业务的持续运营有赖于市场三商的行为综合和后果。

3. 做市商、成市商和价格收敛商(三商)的培育方案

(1) 三商培育方案的原则

三商培育的原则是国际市场业务商实行引进原则,国内市场业务商实行自己培育原则。世界水资源市场基本上没有专业化的第三方市场,但是在一些产地和销售中心地,出现了一些实点 OTC 市场业务。我们建议采用特殊政策吸引他们入驻北京水资源交易所。

对于北京水资源交易所专业化 OTC 市场的建设,我们建议实行政策平台辨识、遴选、培训、结业认证、业务和资本增信、上岗试运营、常规运营和进入退出制度相结合来完成交易所的三商建设。

(2) 做市中介培育方案

启动水资源业升级曼哈顿工程。20 世纪 40 年代,原子能工业尚在研究当中,由于盟军战场的急切需要,一批高能物理研究领域的前沿学者、实验工程技术专家和弹药制造专家组成混合团队,攻坚原子能技术。在早年的曼哈顿工程中,从产业成长意义来看,不是技术在先,研究和升级在后,而是研究和总体设计在先,技术突破在后。今天水资源 OTC 市场在全世界范围内都是突破瓶颈的创新事业,需要研究和总体设计在先的水资源业升级的类"曼哈顿工程"。在总体设计上,成立"研究—实验项目—一线水资源交易专家"三结合的混合团队,在较短时间内攻关形成水资源 OTC 市场做市商和成市商以及价格收敛商的制度平台;启动"做市三商"的辨识、遴选、培训、授信、增级、持证上岗试运营、上岗的常规运营工程。当做市主体在规定时间内没有达到交易的门槛或目标任务时,实行进入退出的奖入和罚出制度。

高等研究机构和一线实验平台快速培训。北京水资源交易所做市三商培育平台建设后,最初选出行业内 3—5 家种子做市实体,约 15 个人开设培训。一期做市商培训结业合格后,授予水资源国际交易商大会国家首期做市商资格荣誉,然后进行二期培训。培训的目标是三期完成有 12—15 家种子单位,至少有一家获得做市组织能力后,上岗试运营。

上岗试运营和进入与退出机制。上岗试运营达到一定时间,如 8—9 个月后,交易商大会媒体公告常规持证上岗运营资质。常规运营在合适时段内没有达到门槛要求,如连续两个季度无交易,则启动退出机制,补上候补做市商机构。

遴选方案与流程。关于做市商的资质遴选、成市商的遴选,请参见前面的做市商功能来细化。对于价格收敛商,本书建议通过市场法则来决定,政策性手段可暂不考虑。

(3)"三商"做市功能空间落地图解

在图 14-3 中,我们能够看到在第三方做市的交易大厅的两边是成市商和交易中介,这两类做市主体围绕在做市商周围。做市商则把自己的格式化合约放在透明信息披露平台——交易大厅信息披露序列板块上。当然,主板上的信息应该是常态交易信息,是形成价格的工作母机。在交易大厅主板之前的信息披露序列是交易商活动、市场预测、通用信息及专门信息等。

三商活动的中心——两侧的成市做市板块和中间交易大厅是中台活动和管理区域,这一区域是实点交易市场的灵魂。它一方面将前台的客户和信息不断组织和披露在主板上,同时将交易形式、挂牌流程、定金要求、细则流程、结算安检等协调起来。

在交易所的前后两个部分,前台是接待和等候大厅,接待和登记、分流台屏功能以及初步的遴选和服务功能由管理前台来处理。在后台,结算的支持服务,六大条线信息的路由处理,以及特种客户处理,缓冲式的仓储和特种数据服务,甚至大户服务,都在管理后台协调。

当然,最为紧要的是,交易所三商功能形成的活跃、可持续市场是以市场七大

图14-3 第三方市场功能结构空间落地图解

条线业务聚合而成的。两者在空间落地上是叠加式的,还是适度物理分开的,工程类规划可能提供一点帮助。但不管物理空间怎样,两者业务形成的成本最低原则,尤其是交易三商活动的最低区位活动成本,是两者空间落地的最终决定因素。

交易所的三商功能可以这样来描述:给定物理前提、信息披露机制和交易规则以及准入退出法变量,做市商是让场内(第三方市场内)的交头活跃的中介;成市商是将场外业务导入场内的中介;价格收敛商是将交易成本(如结算成本)降低从而使价格走向收敛的中介。在此前提下,第三方交易市场——北京实点OTC水资源交易所(特指投行、做市商、信息中介、全国性网络及有形的实点性资本品交易市场)就形成了。

(二)北京水资源交易所的核心机构与治理结构

北京水资源交易所实行公司所有制,其组织功能的结构有四个方面:第一,所有权结构,或称股东结构;第二,会员大会做市结构;第三,治理结构;第四,交易所部门组织结构。

1. 北京水资源交易所的三个核心机构(具体的名称以工商注册为准)

(1)水贸易产业集团公司(股份有限公司)

由核心发起方和战略投资方认购出资。集团公司的主要功能是组织资金和各种资源,建设水资源交易所及一系列相关的公司和运营实体。

(2)水会员大会(民营非营利机构)

核心投资方和战略投资方作为核心会员,注册成立一个民营非营利机构(即"会员大会")。会员大会将成立理事会,主要功能是对水资源交易所的运营管理起监督作用。会员大会、理事会将设计、制定、修改、批准会员大会章程、会员遴选标准、水资源交易所运营管理规章等。

(3)水资源交易所有限责任公司

以集团公司为主体,邀请具有专业管理资质和资源的战略合作方,共同注册成立。其主要功能是水资源交易所的系统建设和管理、交易相关的工作运营、会员服务等。水资源交易所有限责任公司将实行董事会指导下的总经理负责制,根据会员大会提出的运营管理要求和岗位职责需要,聘请总经理,由总经理组建公司的运营管理班子。

2. 北京水资源交易所的治理结构

(1)所有权(股东)结构

根据顶层设计方案和我国工商管理注册及行政部门审批条例,北京水资源交易所由核心发起人单位(通常不多于 5 家,以降低交易成本)发起,注册项目平台公司,完成组建交易所的政治经济学流程。与此同时,核心发起人单位发起成立交易商会员单位,鼓励战略交易商入股。会员股东和发起人股东可以分开,但战略交易商入股后既可以是常任股东,也可以是会员股东。根据发起人协议,核心发起股东具有成为交易所股东或成为交易商会员大会会员的双重选择权,这部分会员一般具有双重身份,但不排除核心发起人中部分没有成为交易商会员大会会员的可能。同样,会员大会中的部分做市会员有成为股东的愿望,但鉴于会员大会的开放性质,只有部分会员,比如战略性特种做市会员,可经会员大会推荐成为交易所做市会员股东(见图 14-4)。

在图 14-4 中,发起股东有 $1,\cdots,m$ 个,会员大会会员有 $1,\cdots,n$ 个。但是,两者中只有 $i,\cdots,m$ 和 $j,\cdots,n$ 个既是交易所股东,又是会员大会会员。

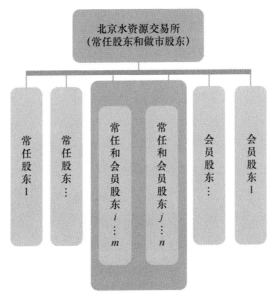

图 14-4 北京水资源交易所所有权(股东)结构

交易所在建设初期不宜有较多的股东,因为投资周期和市场风险将会使股东间的决策和协调成本非常高。而且,最初的核心发起团队不宜超过 5 家。这时候,交易所的核心发起人股东可以拥有 2/3 以上的股权。但是,当交易所到达盈亏平衡点时,实点 OTC 市场建成和启动二次建设阶段,以及任何重大发展事件时点,都是引进新的战略投资人和股东的窗口期和机遇。根据股东决议,发起人股东可以将所持有股权降低到 34% 甚至更少,前提条件是交易所要达到繁荣阶段(thick market phase)。

(2) 北京水资源市场国际交易商会员大会结构

北京水资源市场国际交易商会员大会的组织结构如图 14-5 所示。

北京水资源市场国际交易商会员大会是《中华人民共和国民法》规定的社团法人组织,归类为行业协会,注册地在北京。北京水资源市场国际交易商会员大会旨在联系国内外水资源交易行业的企业和中介,形成水资源交易国际标准和基准市场,为国际水资源贸易提供准则和行业协调。

北京水资源市场国际交易商会员大会的首要目标是建立实点水资源交易所市场,依托该实点,通过现代化的电商网络技术,发展全球基准交易市场。会员大会为最高权力机构,下设理事会,理事会下设理事长一名,副理事长若干名,常务理事和理事若干名。

理事会的核心任务是水资源交易做市,可下设如下办事机构:做市一部(市场发展)、做市二部(会员发展)、产品设计部、战略研发部、秘书财务部、国际法务部和其他七个部门(见图14-5)。还可根据需要,由理事会提名、大会通过,增删部门。

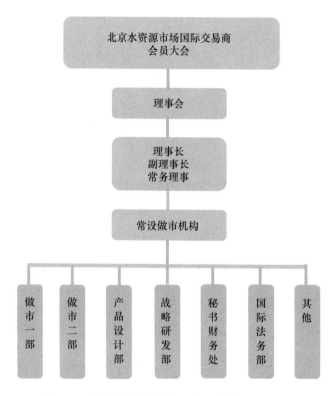

图14-5 北京水资源市场国际交易商会员大会结构

(三) 北京水资源交易所的组织结构

依据《中华人民共和国企业法》成立和依据国务院《工商企业登记管理条例》完成注册的企业法人,北京水资源交易所接受依据《中华人民共和国民法》成立的社团法人——北京水资源市场国际会员大会的行业领导,按照会员大会章程做市管理。

北京水资源交易所的做市管理体现在其治理结构上。以北京水资源 OTC 市场和国际水资源基准交易所市场为目标,北京水资源交易所实行职业经理人管理制度。除了一般的企业治理结构——所有权治理(股东结构等)和一日管理——管理团队经营等——的规定构成成分之外,还有水资源交易 OTC 市场的特殊治理内容。这些特殊性包括第三方市场的治理特殊性和水资源交易的特殊性(见图 14-6)。

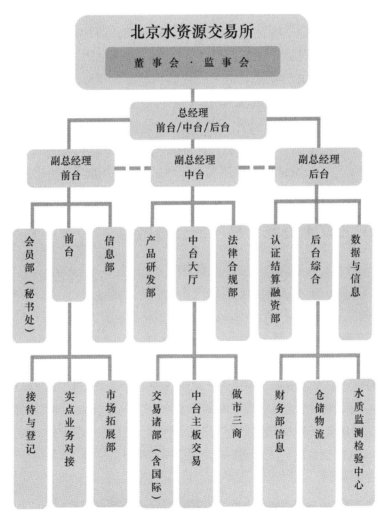

图 14-6 北京水资源交易所治理结构

图 14-6 中,前台管理除了接待登记、会员管理和信息披露等一般交易所市场的通用业务之外,一站通对接与业务延续是最重要的前台业务。与前台业务相联系的是水资源市场国际交易商会员大会的秘书处业务和会员服务与发展业务。另外,交易所业务制度的优势之处,不仅在于会员制度让利,更重要的是能够为会员和零散客户提供序列信息披露。这些信息披露有的是免费提供的,有的是有偿服务。

图 14-6 中,中台管理是交易所的一日运营核心。最重要的是中台调度业务,它像交易所的大脑一样,协调活跃会员一日做市,同时还协调来自前台的业务衍生延伸处理,协调后台业务的数据处理,形成交易大厅当日交易信息的披露、交易价格和交易成分指数。与中台管理相对应,三商做市协调、产品研发上市以及法律合规处理等都是其基本内容。更为重要的是,交易方式的组织、交易类别的分类以及交易后认证和资金结算流程等服务,也是中台管理的重要内容。

北京水资源交易所的后台管理也有其特殊性。除规定的交易所后台管理内容,如结算融资、登记认证和数据存储与处理之外,水资源交易所还有自己的特有内容,如水资源交易的认证和资质审查业务、水质安检和瓶装水的仓储物流。

(四) 北京水资源交易所的会员结构

北京水资源交易所作为水资源交易 OTC 市场,会员规模和结构达到一个合适、稳定的百分比时,交易所的第三方市场的功能才能形成;买卖频率和密度达到门槛性条件组合后,交易所才可持续存在,具有稳定的市场价值评估。

1. 北京水资源交易所三商构成比例

如前所述,交易所的起步规模是有 12—15 家的做市商、125—250 家的成市商和 1 500 家左右的价格收敛商,这样水资源交易所市场的门槛性条件才能达到。图 14-7 大致给出了交易所三商的构成比例。其中,做市商的数量最少,成市商是它的 10 倍左右,价格收敛商(交易服务商)大体上是它 100 倍的规模。上述 1∶10∶100 的构成比例是该研究报告团队多年研究大宗商品市场和细分市场的一个结论性成果。在水资源市场上可能有出入,但不应该和上述比例有太大的差距。

■做市商 ■成市商 ▨价格收敛商

图 14-7 交易所三商结构比重

2. 三商会员进阶原理——一个可能的案例性建议

"从市三商"做市以及三商的比例关系是交易市场活跃的核心要件,可以作为组建和运营实施的框架性方案,但作为流程和操作还需受到一线实践的矫正。根据调研小组收集的资料,一个可能的案例性建议可以在表 14-1 中看到。

表 14-1 水资源交易所会员类别及进阶规划(建议)

会员类别/功能	水源商/水权拥有者(做市商)	交易商(成市商)	服务商(价格收敛商)	数量
核心会员	6	46	98	150
理事会员	16	80	280	376
铂金会员	30	130	460	620
金卡会员	50	190	880	1 120
银卡会员	98	264	1 680	2 042
交易会员	—	320	3 200	3 520
电商会员	—	450	5 500	5 950
实习会员	—	520	8 600	9 120
合计	200	2 000	20 698	22 898

在表 14-1 中,水源商/水权拥有者、交易商和服务商可以作为初步的做市商、成市商和价格收敛商来遴选和进阶式培育。它们的比例和数字,在 OTC 市

场建成后,应该具有下述关系:若做市商整体为 1 的话,成市商的数量应为 10,价格收敛商的数量应为 100。当然,会员的分级是否按照金银卡和核心会员的登记来建构,需要在实际建设中调整。这与当年信用卡会员的运通卡(American Express)和万事达卡(Master Card)的分级和竞争一样。虽然运通卡在最初有惊人的业绩,但是万事达卡笑到了最后。

会员的遴选和入会标准、晋级条件及管理办法,需要经过市场和企业实地调研后方可确定。

六、北京水资源交易所组建与阶段性成长方案

(一) 发起邀约与组建落地

1. 核心发起人邀约

行业龙头邀约国际交易加工大户、专业顾问实体以及相关投融资机构作为核心发起人单位投入资源,共同建设北京水资源交易所。

2. 签订发起协议

签订具有法律约束性质的核心发起人协议。协议的主体内容为与建设目标相关的一揽子项目实施、交易所平台建设及一致行动人条框等。

3. 成立项目落地种子(平台)公司

核心发起人协议签订后,需要一家推进该协议诸项目条款完成的种子(平台)公司,即北京水资源投资发展有限责任公司。

该种子公司的任务是依据协议条款完成北京水资源交易所成立前所需进行的一系列流程任务。具体有三大类:① 依据约定完成北京水资源交易所成立前申办的政治经济学流程和北京市政务审批流程;② 申请成立社团法人组织——北京水资源场外市场交易商会员大会,所需的国家政务流程和关联政治经济学商榷;③ 上述两项任务完成后,定向募集与增资扩股,推动种子公司改制为北京水资源交易所有限责任公司。

4．流程图解

图 14-8 显示了北京水资源交易所有限责任公司的发起组建流程。

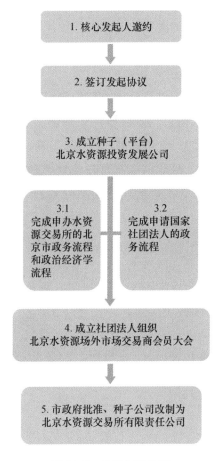

图 14-8　发起组建流程

5．资本收益有关的几个重要概念辨析

种子(平台)公司为水资源交易所的前置性封闭平台实体。其三类项目中前两类项目——政治经济学和政务流程、设立交易商会员大会——完成后,第三个项目是增资扩股改制为水资源交易所有限责任公司,而不是授权另行成立水资源交易所有限责任公司。原因在于:运用风险投资(这里表现为概念创新、顶层设计和广泛的资源整合等核心投资),并邀约战略投资商加盟后(平台公司运营),获得了政治经济学权益和网资源通道权益,这里既有管理创新产权和通道创新产权,北京水资源交易所的成立将会让初期的风险投资实体化。因此,在水资源交易所实际注册时点前,这是和 pre IPO 节点一样的 private equity(PE)回报节点。在该节点上,风险投资借种子(平台)公司增资改制的资本溢价远高于与其他行动人合作成立第三方市场平台或者让种子公司成为集团公司而在其下成立交易所子公司的收益。

"两分法"与"平行法"授权与确权 "两分法"指的是制度和创新下资本滚动过程的授权。项目落地公司的制度加资本创新将催生产权集群,运用其产权资本与其他资本(人力、市场通道、货币资本等)结合创新形成的资本滚动过程,具有授权的全权。该授权运营有两个相互关联的部分:第一类授权是向市场主体的授权——授权水资源场外交易商会员大会运营交易所做市,主要是前台管理、与前台管理关联的中台以及部分后台管理;第二类授权是向市场平台实体的授权——授权北京水资源交易所有限责任公司承建和运营交易所基础平台,主要是后台管理以及与后台管理关联的部分中台和极少量前台管理。对外,两者合称北京水资源交易所;对内,两者是两个相对分离的做市功能板块和基础平台持续板块。这就好像北京空港地面运营板块和空中运营板块的相对分离一样,两者在北京空港业务上有交叉,比如,航空公司运营贵宾厅(前台管理和中台管理的一部分)对空中业务有利,但其并没有动力维修贵宾厅的下水管道和修建机场。当然,有些混业经营的超大航空集团可以两者兼营。"两分法"授权的合理性在于做市运营和平台运营的成本不一样,而且还能有效排除类似"裁判员和运动员身份混同"的内部人激励。如果空港有一个稳定大数的航空公司是地面设施的股东的话,后续入驻该空港的空中运营商的激励将大大降低。

"平行法"授权原理是交易商会员大会做市和交易所市场平台维护在权力上平行存在,互不隶属。在所有权上,自然人和机构投资人的身份混同,允许有低限度百分比的存在——核心发起人和战略投资人在风险投资期获得的权力———做市商和平台商双重身份允诺权。这就类似于联合国发起人的五个常任理事国和会员国的制度安排。

防火墙设计 因为有较少做市会员既是会员大会成员又是交易所股东,为了排除这种双重身份带来的混业经营优势,进一步的防火墙设置是必要的。原则是,种子公司授予会员大会做市权力,同时还授权会员大会设立章程,要求交易所股东大会必须遴选职业经理人团队管理交易所平台业务,并在一定条件下——比如2/3的会员单位——有否决职业经理人团队的权力。

在此条件下,会员大会交易商单位和交易所股东单位可以交叉持股,但比例很低,并在交易所风险投资完成后,不再设立双重身份空间。当然,细节性的自然人利益冲突规避制度,以及系统信息保密制度等,都可以通过强化剔除双重身份利益冲突概率的制度设计来规避。在这种内置的防火墙设计下,水资源交易所初期高至2/3的股权可以由水资源交易所战略做市商和投资方来持有,不妨碍成市商(较小规模的市场运营单元)和交易中介入驻交易所市场的激励。随着交易所的繁荣和可持续,双重身份的比例可以降低到34%,而让做市单元拥有逼近2/3的交易所股权。

(二) 阶段性成长方案

北京水资源交易所组建流程完成仅仅是实现了交易所身份的合规合法落地,真正的市场功能形成,还需要两个阶段的建设。

1. 第一阶段:从厂商集聚到 OTC 市场

第一阶段是实现从贸易厂商集聚向 OTC 市场的过渡。

(1) 从贸易厂商集聚到 OTC 市场

同任何产业一样,水资源业有三大资源——水源地资源、加工地资源和销售地资源。将三大资源地连接起来的是市场资源,它们分别是开采和取水市场——与要素市场关联;水务市场——与大宗商品市场及中间品市场关联;用户市场——与消费市场关联。市场是原料地市场、生产地市场和销售地市场的结合,这是市场的一般性(见图14-9)。

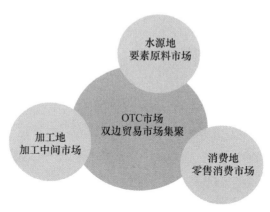

图14-9　水资源三地市场关系示意

（2）市场贸易厂商集聚

市场贸易厂商集聚的动力学机制是这样的：① 水资源交易所平台使得交易厂商的外部业务变为市场的内部流程；② 活跃的厂商将会互相联动在一起做市,形成流程互惠的信用互质；③ 随着第三方业务规模和交易频率的增加,出现了OTC市场的生长点；④ 活跃会员依托准入和退出制度,统一信息披露、统一交易规则、统一格式合约流程（产品）、统一登记结算、统一违约处罚,形成水资源场外（OTC）市场（见图14-10）。

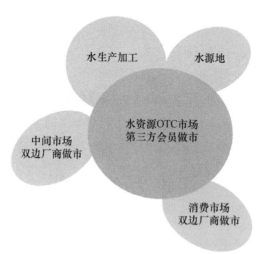

图14-10　从交易商集聚到水资源OTC市场

2. 第二阶段:从 OTC 市场到基准交易所市场

北京水资源 OTC 市场是实点性的单一市场,而不是网点性的多极市场。从实点性市场向广域价格辐射能力的网点性多极市场——基准交易所市场过渡,需要在实点市场达到一定规模的基础上,启动资本化拓展战略,在产能化拓展和资本化拓展两个方面驱动下均衡成长。这时候,北京水资源交易所将以资本化拓展为里,电商市场拓展为表,建设网点性多极市场。

其建设流程如下:① 自主建立水资源市场投资发展基金;② 联系关联金融机构群形成 OTC 内一级资本市场;③ 整合分布在华北众多水资源和水资源关联市场中的专营市场,形成加盟章程经济体(royal franchise economy);④ 制度和产品设计使北京水资源交易所升级为加盟实点交易所的交易所——水资源国际化基准交易市场。

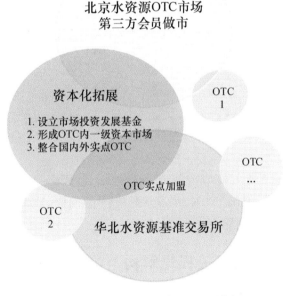

图 14-11 北京水资源基准交易所市场

3. 北京水资源基准交易所

北京水资源交易所二期建成后,集聚区入驻的各类做市商达到125—150家,入驻的成市商和交易服务商应该在1 500家左右,全球关联成市商和交易服务中介在15 000家左右(见图14-12)。

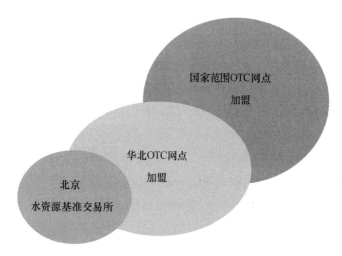

图14-12 从水资源 OTC 市场到基准交易所市场

七、北京水资源交易所起步运营方案

北京水资源交易所在完成组建、软硬件建设、做市三商培育工程的同时,需要起步运营。水资源 OTC 市场起步运营的核心是将传统离散的业务集聚、流程化和模块化,并在第三方平台上交易处理。

(一) 水资源市场流程化解构与模块化处理

图 14-13 是调研后总结出的一个通用水资源交易流程结构。

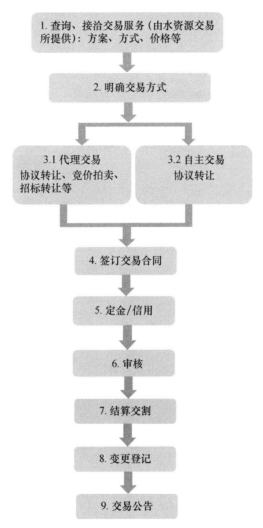

图 14-13 水资源交易商离散业务流程结构

（二）离散的双边业务导入第三方市场

如前所述,厂商双边业务由于水资源贸易的特性,没有公共平台及制度创新,单个水资源交易商在水务加工区构建第三方市场的成本是天价。

离散场外双边业务导入第三方市场可以解构为九个基础环节:从导入窗口

开始,一个交易商可以在前台的引导下将交易标的登记,鉴定验收、归纳整理后,实物走向细分流程,联单票据经过集成化后,模块化为单元格式化合约,然后上市挂牌交易。等结算完成后,可以走向物流或者加工区分流程(见图14-14)。

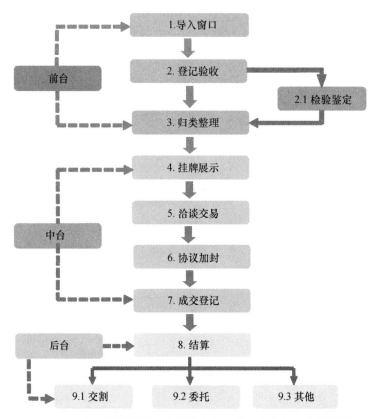

图14-14　水资源场外双边交易业务导入第三方市场的交易流程

当然,票据业务可以有更多的清算、结算、对账、担保、托管、置换业务。这些衍生类业务都是基于上述基础流程的衍生品交易。这些交易更像是交易商和投资商之间的交易,而不像加工商和采购商或原料商之间的交易。

可以想象,当做市三商的数量和结构功能达到门槛性条件,加上第三方市场产品的设计和再度引入,市场将从起步走向成长和繁荣。

本 章 结 语

　　水资源具有资产的稀缺性、经济性、收益性、权属性、有偿性五大特征,应该把水资源纳入资产化管理。但长期以来,我国对水权归属的界定模糊,水权交易市场无序,水价体系粗糙。此外,我国实施的是公共水权制度,水资源属国家所有,所有权与使用权分离;在国家经济计划和发展计划之下统筹水资源的开发利用;用行政手段分配水资源初始配额。而且,水资源依赖政府宏观调水分配、过分偏重工程技术手段、缺乏市场调节手段等。这些问题的背后,反映的是水资源制度的缺失。尽快引入市场机制流通水资源交易,以此提高水资源的配置和使用效率,是国家加快对水资源市场化的推进、缓解水资源危机的核心手段之一。

　　面对北京水资源的现实和供需失衡,面对南水北调市场化运作的推进,构建北京水资源交易所势在必行。其作为一个创新的政策性实验平台,作为中国首个水价及税费创新的 OTC 市场和全国基准水商品交易市场,通过市场长链整合产业长链,促进水权合理流转,健全水量配额、排污权、生态补偿交易等配套机制,形成北京经济用水的市场价格,争取水交易的国际话语权,这些都将会在水资源市场化的理论和实践方面,起到重要作用。

参 考 文 献

[1] 水利部确认将启动水权交易. 2014-07, http://finance. sina. com. cn/chanjing/cyxw/20140701/211819576980. shtml.

[2] 刘普. 中国水资源市场化制度研究[D]. 武汉大学, 2010.

[3] 专家建议加快设立水权交易所. http://www. yicai. com/news/2012/03/1551249. html.

[4] 伍新木. 中国水安全发展报告[M]. 人民出版社, 2013.

[5] 伍新木. "水源资本化"增强"水安全". http://www. china001. com/show_hdr. php? xname = PPDDMV0&dname = AOUGG41&xpos = 25.

[6] 曹和平. 中国产权市场发展报告——理论、实践与政策十年[A]. 中国产权市场发展报告(2008—2009)[M]. 社会科学文献出版社, 2009.